计算机应用基础

JISUANJI YINGYONG JICHU

主　编　司朝弘　金　丽　张　宏
副主编　白继芳　贾　丽　赵传兴　范海秀

中国海洋大学出版社
·青岛·

图书在版编目（CIP）数据

计算机应用基础 / 司朝弘，金丽，张宏主编 . —— 青
岛：中国海洋大学出版社，2018.8
ISBN 978-7-5670-1776-4

Ⅰ . ①计⋯ Ⅱ . ①司⋯ ②金⋯ ③张⋯ Ⅲ . ①电子计

算机－高等学校－教材 Ⅳ . ① TP3

中国版本图书馆 CIP 数据核字 (2018) 第 188943 号

出版发行	中国海洋大学出版社		
社　　址	青岛市香港东路 23 号	邮政编码	266071
出 版 人	杨立敏		
网　　址	http://www.ouc-press.com		
电子信箱	sjyybook@163.com		
订购电话	010-60739092		
责任编辑	滕俊平	电　　话	0532-85902349
印　　制	三河市华东印刷有限公司		
版　　次	2018 年 8 月第 1 版		
印　　次	2018 年 8 月第 1 次印刷		
成品尺寸	185mm × 260mm		
印　　张	15.5		
字　　数	336 千		
定　　价	40.00 元		

前言 Preface

　　"计算机应用基础"课程是为适应社会信息化发展要求、提高学生信息素养而开设的一门公共基础课程。该课程的教学目标是通过学习计算机的基础知识和基本操作，培养学生自觉使用计算机解决学习、生活乃至今后工作中遇到的实际问题，使计算机成为学生获取知识、提高素质的有力工具，同时为后续计算机课程及其他相关课程的学习打下良好基础。

　　本书立足于陶行知先生"教学做合一"的教学理念，以就业为导向、以学生为中心、以能力培养为主线，构建了由计算机基础知识和任务驱动教程两大模块组成的内容体系，采用"任务驱动"法展开各任务的学习和技能训练，旨在全面提升学生的信息技术素养和实践操作能力。第一部分计算机理论知识主要介绍了计算机的基本知识和基本概念、计算机的组成和工作原理、信息在计算机中的表示形式和编码、计算机网络基础和信息安全、多媒体技术基础等，为后续学习打下基础；第二部分实践操作任务共设计了15个具体任务，每个任务都给出了相应的、明确的学习目标、任务实施步骤及最终效果，旨在全面提升学生 Word、Excel、PowerPoint 等 Office 办公软件的实践操作技能和 Internet 操作技能。本书图文并茂，突出应用能力的培养，以情景任务为背景，学以致用。本书可作为高职高专以及成人高校各专业计算机基础课程的教材，也可供各类计算机培训班和个人自学使用。

　　由于编者水平有限，书中难免存在不当之处，敬请广大读者批评指正。

编　者

目录 Contents

第一部分
计算机理论

第二部分
实践操作任务

第一部分　计算机理论

项目1　计算机基础概述

计算机是人类历史上伟大的发明之一。虽然迄今为止仅有约70年的发展历程,但在人类科学发展的历史上,没有哪门科学能像计算机科学这样发展得如此迅速,对人类的生活、生产和工作产生如此巨大的影响。

1.1　概述

在人类文明发展的历史长河中,计算工具经历了从简单到复杂、从低级到高级的发展过程。比如,从古至今,人们依次使用绳结、算筹、算盘、计算尺、手摇机械计算机、电动机械计算机、电子计算机等作为生活中的计算工具。这些计算工具在不同的历史时期都发挥了各自的作用,而且也孕育了电子计算机的设计思想和雏形。

1.1.1　计算机的发展

图 1-1　世界上第一台电子计算机 ENIAC

1. 第一台计算机的诞生

1946 年 2 月 14 日,世界上第一台计算机"ENIAC"在美国宾夕法尼亚大学诞生。在第二次世界大战期间,美国军方要求宾夕法尼亚大学的莫奇来(Mauchly)博士和他的学生爱克特(Eckert)设计真空管取代继电器的"电子化"计算机——ENIAC（Electronic Numerical Integrator and Calculator,电子数字积分器与计算器）,目的是用来计算炮弹弹道,如图 1-1 所示。ENIAC 使用了 18 800 个真空管,长 30.48 米,宽 1 米,占地面积 179 平方米,重达 30 吨,耗电高达 140 千瓦。它的计算速度快,每秒可从事 5 000 次的加法运算。ENIAC 虽然每秒只能进行 5 000 次加法运算,却把科学家从"奴隶般"的计算中解救了出来。ENIAC 的问世,标志着计算机时代的到来,具有跨时代的意义。

2. 计算机科学奠基人

约翰·冯·诺依曼（John von Neumann，1903—1957 年，图 1-2），美籍匈牙利人，著名的经济学家、物理学家、数学家和发明家。1954 年任美国原子能委员会委员；1951～1953 年任美国数学会主席；又被誉为"现代电子计算机之父"。冯·诺依曼首先提出了在计算机内储存程序的概念，并使用单一处理部件来完成计算、存储及通信工作。"存储程序"成了现代计算机的重要标志。

图 1-2　约翰·冯·诺依曼

艾伦·麦席森·图灵（Alan Mathison Turing，1912—1954 年，图 1-3），英国著名的数学家和逻辑学家，被誉为"人工智能之父"，是计算机逻辑的奠基者，提出了"图灵机"和"图灵测试"等重要概念。人们为纪念其在计算机领域的卓越贡献而设立"图灵奖"。

图 1-3　艾伦·麦席森·图灵

3. 计算机发展的四个阶段

从第一台计算机诞生到现在，计算机技术经历了大型机、微型机及网络阶段。对于传统的大型机，根据计算机所采用电子元件的不同而划分为电子管、晶体管、集成电路和大规模、超大规模集成电路计算机四代。

（1）第一代（1946～1957 年）——电子管计算机。

第一代电子管计算机以世界上第一台电子数字积分计算机 ENIAC 为代表，作为计算机大家族的鼻祖，开辟了人类科学技术领域的先河，使信息处理技术进入了一个崭新的时代。其主要特征如下。

①采用电子管元件，体积庞大、耗电量高、可靠性差、维护困难。

②运算速度慢，一般为每秒钟 1000 次到 1 万次。

③使用机器语言，没有系统软件。

④采用磁鼓、小磁芯作为其存储器，存储空间有限。

⑤输入/输出设备简单，采用穿孔纸带或卡片。

⑥主要用于科学计算。

（2）第二代（1958～1964 年）——晶体管计算机。

第二代计算机采用的主要元件是晶体管，称为晶体管计算机。第二代计算机在软件方面有了较大发展，采用了监控程序，这是操作系统的雏形。第二代计算机有如下特征。

①采用晶体管元件作为计算机的器件，体积比第一代大大缩小，可靠性增强，寿命延长。

②运算速度加快，达到每秒几万次到几十万次。

③提出了操作系统的概念，开始出现了汇编语言，产生了如"FORTRAN"和"COBOL"等高级程序设计语言和批处理系统。

④普遍采用磁芯作为内存储器，磁盘、磁带作为外存储器，容量大大提高。

⑤计算机应用领域扩大，从军事研究、科学计算扩大到数据处理和实时过程控制等领

域，并开始进入商业市场。

与第一代计算机相比，晶体管计算机体积小、成本低、功能强、可靠性大大提高。除了科学计算外，还用于数据处理和事务处理。

（3）第三代（1965～1969年）——中小规模集成电路计算机。

20世纪60年代中期，随着半导体工艺的发展，已制造出了集成电路元件。集成电路可在面积为几平方毫米的单晶硅片上集成十几个甚至上百个电子元件。具体特征如下。

①采用中小规模集成电路元件，体积进一步缩小，寿命更长。

②内存储器使用半导体存储器，性能优越，运算速度加快，每秒可达几百万次。

③外围设备开始出现多样化。

④高级语言进一步发展。操作系统的出现，使计算机功能更强，提出了结构化程序的设计思想。

⑤计算机应用范围扩大到企业管理和辅助设计等领域。

（4）第四代（1970年至今）——大规模集成和超大规模集成电路计算机。

随着20世纪70年代初集成电路制造技术的飞速发展，计算机进入了大规模和超大规模集成电路计算机时代。这一时期计算机的体积、重量、功耗进一步减小，运算速度、存储容量、可靠性有了大幅度的提高。其主要特征如下。

①采用大规模和超大规模集成电路逻辑元件，体积与第三代相比进一步缩小，可靠性更高，寿命更长。

②运算速度加快，每秒可达几千万次到几十亿次。

③系统软件和应用软件获得了巨大的发展，软件配置丰富，程序设计部分自动化。

④计算机网络技术、多媒体技术、分布式处理技术有了很大的发展，微型计算机大量进入家庭，产品更新速度加快。

⑤计算机在办公自动化、数据库管理、图像处理、语言识别和专家系统等领域得到应用，电子商务已开始进入家庭，计算机的发展进入到一个新的历史时期。

综上所述，对四代计算机的发展史划分如表1-1所示。

表1-1　计算机的发展史

类别	时间段	基本元件	特点	应用	代表产品
第一代计算机	1946～1957年	电子管	体积庞大、造价昂贵、速度低、储存量小、可靠性差	军事应用和科学研究	UNIVAC-I
第二代计算机	1958～1964年	晶体管	相对体积小、重量轻、开关速度快、工作温度低	数据处理和事务管理	IBM-700
第三代计算机	1965～1969年	中小规模集成电路	体积、重量、功耗进一步减小	应用更加广泛	IBM-360
第四代计算机	1970年至今	大规模和超大规模集成电路	性能飞跃式上升	应用各个领域	IBM-4300等

1.1.2　计算机的特点、分类和用途

1. 计算机的特点

现代计算机一般具有以下几个重要特点。

(1)运算速度快。

运算速度是计算机的一个重要性能指标。计算机的运算速度通常用每秒执行定点加法的次数或平均每秒执行指令的条数来衡量。计算机的运算速度已由早期的每秒几千次发展到现在的最高可达每秒几千亿次乃至几万亿次。

(2)计算精度高。

在科学研究和工程设计中,对计算的结果精度有很高的要求。一般的计算工具只能达到几位有效数字,而计算机对数据的结果精度可达到十几位、几十位有效数字,根据需要甚至可达到任意精度。

(3)具有"记忆"和逻辑判断功能。

计算机的存储器可以存储大量数据,这使计算机具有了"记忆"功能。它的这一功能,是它与传统计算工具的一个重要区别。计算机的运算器除了能够完成基本的算术运算外,还具有进行比较、判断等逻辑运算的功能。这种能力是计算机处理逻辑推理问题的前提。

(4)工作全自动、通用性强。

由于计算机的工作方式是将程序和数据先存放在机内,工作时按程序规定的操作步骤,一步一步地自动完成,一般无须人工干预,因而自动化程度高。

2. 计算机的分类

一般情况下,电子计算机采用以下三种分类标准。

(1)按处理的对象分类。

①电子模拟计算机:电子模拟计算机所处理的电信号在时间上是连续的(称为模拟量),采用的是模拟技术。

②电子数字计算机:电子数字计算机所处理的电信号在时间上是离散的(称为数字量),采用的是数字技术。计算机将信息数字化之后具有易保存、易表示、易计算、方便硬件实现等优点,所以数字计算机已成为信息处理的主流。

③混合计算机:混合计算机是将数字技术和模拟技术相结合的计算机。

(2)按性能规模分类。

①巨型机:研究巨型机是现代科学技术,尤其是国防尖端技术发展的需要。巨型机的特点是运算速度快、存储容量大。我国自主研发的银河Ⅰ型亿次机和银河Ⅱ型十亿次机都是巨型机,主要用于国防建设、空间技术、大范围天气预报、石油勘探等领域。

②大型机通用机:大型机通用机的特点表现为通用性强、具有很强的综合处理能力、性能覆盖面广等,主要应用在公司、银行、政府部门、社会管理机构和制造厂家等,通常人们称大型机通用机为企业计算机。

③小型机:小型机规模小,结构简单,设计周期短,便于及时采用先进工艺。这类机器可靠性高,对运行环境要求低,易于操作且便于维护。小型机符合部门性的要求,为中小型企

事业单位所常用。具有规模较小、成本低、维护方便等优点。

④微型机：微型机又称个人计算机（Personal Computer,PC），它是日常生活中使用最多、最普遍的计算机，具有价格低廉、性能强、体积小、功耗低等特点。现在微型计算机已进入千家万户，成为人们工作、生活的重要工具。

⑤工作站：工作站是一种高档微机系统。它具有较高的运算速度，具有大小型机的多任务、多用户功能，且兼具微型机的操作便利和良好的人机界面。它可以连接多种输入/输出设备。它具有易于联网、处理功能强等特点。其应用领域也已从最初的计算机辅助设计扩展到商业、金融、办公等领域，并充当网络服务器的角色。

（3）按功能和用途分类。

按功能和用途其可分为通用计算机和专用计算机。

①通用计算机具有功能强、兼容性强、应用面广、操作方便等优点，平常使用的计算机都是通用计算机。

②专用计算机一般功能单一、操作复杂，用于完成特定的工作任务。

3. 计算机的应用

计算机处理速度快，运算精度高，具有强大的记忆储存能力、逻辑推理能力和逻辑运算能力，由程序控制自动执行，因此被广泛应用于各种学科领域，并渗透人类社会的各个方面。目前，计算机的应用领域可概括为以下几个方面。

（1）科学计算。

科学计算也称为数值计算，通常是指用于完成科学研究和工程技术中提出的数学问题的计算。在天文学、气象、空气动力学、核物理学等领域中，都需要依靠计算机进行复杂的运算。

（2）数据处理。

数据处理又称为信息处理，它是指信息的收集、分类、整理、加工、存储等一系列活动的总称。所谓信息是指可被人类感受的声音、图像、文字、符号、语言等。数据处理还可以在计算机上加工那些非科技工程方面的计算，管理和操纵任何形式的数据资料。其特点是处理的原始数据量大，而运算比较简单，有大量的逻辑与判断运算。

（3）过程控制。

过程控制亦称为实时控制，是用计算机及时采集数据，按最佳值迅速对控制对象进行自动控制或采用自动调节。利用计算机进行过程控制，不仅大大提高了控制的自动化水平，而且大大提高了控制的及时性和准确性。过程控制的特点是及时收集并检测数据，按最佳值调节控制对象。在电力、机械制造、化工、冶金、交通等领域采用过程控制，可以提高劳动生产效率、产品质量、自动化水平和控制精确度，降低生产成本，减轻劳动强度。在军事上，可使用计算机实时控制导弹根据目标的移动情况修正飞行姿态，以准确击中目标。

（4）计算机辅助系统。

计算机辅助系统包括计算机辅助设计（CAD）、计算机辅助教学（CAI）、计算机辅助制造（CAM）等系统。

计算机辅助设计（CAD）是指利用计算机帮助设计人员进行设计，例如，飞机船舶设计、建筑设计、机械设计、艺术设计等。采用计算机辅助设计后，不但降低了设计人员的工作量，提高了设计的速度，更重要的是提高了设计的质量。

　　计算机辅助教学(CAI)是指将教学内容、教学方法以及学生的学习情况等信息存储在计算机中,帮助学生轻松地学习所需要的知识。它在现代教育技术中起着相当重要的作用。

　　计算机辅助制造(CAM)是指利用计算机通过各种数值控制生产设备,完成产品的加工、装配、检测、包装等生产过程的技术。将 CAD 进一步集成形成了计算机集成制造系统 CIMS,从而实现设计生产自动化。利用 CAM 可提高产品质量,降低成本和降低劳动强度。

　　除这些外,辅助系统还包括计算机辅助测试(CAT)、计算机辅助翻译(CAT)、计算机辅助工程(CAE)与计算机集成制造(CIMS),等等。

　　(5)虚拟现实。

　　虚拟现实是利用计算机生成的一种模拟环境,通过各种传感设备实现任何环境直接互动的目的。

1.1.3　未来计算机的发展趋势

　　从第一台计算机诞生至今的半个多世纪里,计算机的应用得到不断拓展,计算机类型不断分化,这就决定了计算机的发展也朝不同的方向延伸。当今计算机技术正朝着巨型化、微型化、网络化、智能化和多媒体化等方向发展。

　　1. 巨型化

　　它是指计算机具有极高的运算速度、大容量的分布空间、更加强大和完善的功能,主要用于航空航天、军事、气象、人工智能、生物工程等学科领域。

　　2. 微型化

　　大规模及超大规模集成电路发展的必然。自第一块微处理器芯片问世以来,发展速度与日俱增。计算机芯片的集成度每 18 个月翻一番,而价格则减一半,这就是信息技术发展功能与价格比的摩尔定律。计算机芯片集成度越来越高,所完成的功能越来越强,使计算机微型化的进程和普及率越来越快。

　　3. 网络化

　　它是计算机技术和通信技术紧密结合的产物。尤其进入 20 世纪 90 年代后,随着 Internet 的飞速发展,计算机网络已广泛应用于政府、学校、企业、科研、家庭等领域,越来越多的人接触并了解计算机网络的概念。计算机网络将不同地理位置上具有独立功能的不同计算机通过通信设备和传输介质连接起来,在通信软件的支持下,实现网络中的计算机之间共享资源、交换信息、协同工作。计算机网络的发展水平已成为衡量国家现代化程度的重要指标,在社会经济发展中发挥着极其重要的作用。

　　4. 智能化

　　人工智能(Artificial Intelligence,AI)是计算机学科的一个分支,自 20 世纪 70 年代以来被称为世界三大尖端技术之一(空间技术、能源技术、人工智能),也被认为是 21 世纪三大尖端技术之一(基因工程、纳米科学、人工智能)。

　　人工智能是研究使计算机来模拟人的某些思维过程和智能行为(如学习、推理、思考、规划等)的学科,主要包括计算机实现智能的原理、制造类似于人脑智能的计算机,使计算机能实现更高层次的应用。

5. 多媒体化

计算机多媒体化是当今信息技术领域发展最快、最活跃的技术，是新一代电子技术发展和竞争的焦点。多媒体技术融计算机、声音、文本、图像、动画、视频和通信等多种功能于一体，借助日益普及的高速信息网，可实现计算机的全球联网和信息资源共享，因此被广泛应用在咨询服务、图书、教育、通信、军事、金融、医疗等诸多行业，并正潜移默化地改变着我们生活的面貌。

从目前计算机的研究情况可以看出，未来计算机将有可能在光子计算机、生物计算机、量子计算机等方面的研究领域中取得重大的突破。

1.2 信息表示与储存

计算机科学的研究主要包括信息采集、储存、处理和传输，而这些都与信息的量化和表示密切相关。

1.2.1 数据与信息

数据是对客观事物的符号表示。数值、文字、语言、图形、图像等都是不同形式的数据。计算机科学中的信息通常被认为是能够用计算机处理的有意义的内容或消息，它们以数据的形式出现。

1.2.2 计算机中的数据

二进制只有"0"和"1"两个数，相对十进制而言，采用二进制表示不但运算简单、易于物理实现、通用性强，更重要的优点是所占用的空间和所消耗的能量小得多，而且其可靠性大大提高。计算机内部均用二进制数表示各种信息，但计算机与外部交往仍采用人们熟悉和便于阅读的形式，如十进制数据、文字显示和图形描述等。其间的转换，则由计算机系统的硬件和软件来实现。转换过程如图 1-4 所示。

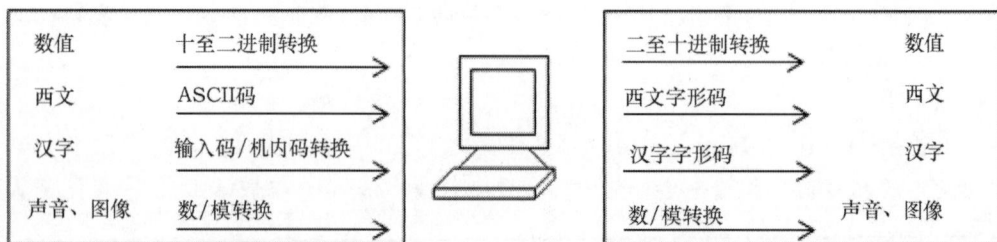

数值	十至二进制转换 →	二至十进制转换 →	数值
西文	ASCII码 →	西文字形码 →	西文
汉字	输入码/机内码转换 →	汉字字形码 →	汉字
声音、图像	数/模转换 →	数/模转换 →	声音、图像

图 1-4　各类数据在计算机中的转换过程

用若干数位(由数码表示)的组合去表示一个数,各个数位之间是什么关系,即逢"几"进位,这就是进位计数制的问题,也就是数制问题。数制,即进位计数制,是人们利用数字符号按进位原则进行数据大小计算的方法。通常是用十进制来进行计算的。另外,还有二进制、八进制和十六进制等。

1. 十进制(D)

十进制的特点如下。

①有 10 个数码:0、1、2、3、4、5、6、7、8、9。

②基数:10。

③逢十进一(加法运算),借一当十(减法运算)。

④按权展开式。对于任意一个 n 位整数和 m 位小数的十进制数 D,均可按权展开为:

$$D=D^{n-1} \cdot 10^{n-1}+D^{n-2} \cdot 10^{n-2}+\cdots+D^1 \cdot 10^1+D^0 \cdot 10^0+D^{-1} \cdot 10^{-1}+\cdots+D^{-m} \cdot 10^{-m}$$

例:将十进制数 456.24 写成按权展开式形式为:

$$456.24=4 \times 10^2+5 \times 10^1+6 \times 10^0+2 \times 10^{-1}+4 \times 10^{-2}$$

2. 二进制(B)

二进制的特点如下。

①有两个数码:0、1。

②基数:2。

③逢二进一(加法运算),借一当二(减法运算)。

④按权展开式。对于任意一个 n 位整数和 m 位小数的二进制数 D,均可按权展开为:

$$D=B^{n-1} \cdot 2^{n-1}+B^{n-2} \cdot 2^{n-2}+\cdots+B^1 \cdot 2^1+B^0 \cdot 2^0+B^{-1} \cdot 2^{-1}+\cdots+B^{-m} \cdot 2^{-m}$$

例:将二进制数 $(11\,001.101)_2$ 写成展开式,它表示的十进制数为:

$$1 \times 2^4+1 \times 2^3+0 \times 2^2+0 \times 2^1+1 \times 2^0+1 \times 2^{-1}+0 \times 2^{-2}+1 \times 2^{-3}=(25.625)_{10}$$

3. 八进制(O)

八进制的特点如下。

①有 8 个数码:0、1、2、3、4、5、6、7。

②基数:8。

③逢八进一(加法运算),借一当八(减法运算)。

④按权展开式。对于任意一个 n 位整数和 m 位小数的八进制数 D,均可按权展开为:

$$D=O^{n-1} \cdot 8^{n-1}+\cdots+O^1 \cdot 8^1+O^0 \cdot 8^0+O^{-1} \cdot 8^{-1}+\cdots+O^{-m} \cdot 8^{-m}$$

例:将八进制数 $(5\,346)_8$ 写成展开式,它表示的十进制数为:

$$5 \times 8^3+3 \times 8^2+4 \times 8^1+6 \times 8^0=(2\,790)_{10}$$

4. 十六进制(H)

十六进制的特点如下。

①有 16 个数码:0、1、2、3、4、5、6、7、8、9、A、B、C、D、E、F。

②基数:16。

③逢十六进一(加法运算),借一当十六(减法运算)。

④按权展开式。对于任意一个 n 位整数和 m 位小数的十六进制数 D,均可按权展开为:

$$D = H^{n-1} \cdot 16^{n-1} + \cdots + H^1 \cdot 16^1 + H^0 \cdot 16^0 + H^{-1} \cdot 16^{-1} + \cdots + H^{-m} \cdot 16^{-m}$$

在 16 个数码中,A、B、C、D、E 和 F 这 6 个数码分别代表十进制的 10、11、12、13、14 和 15,这是国际上通用的表示法。

例:将十六进制数 $(4C4D)_{16}$ 写成展开式,它表示的十进制数为:

$$4 \times 16^3 + C \times 16^2 + 4 \times 16^1 + D \times 16^0 = (19\ 533)_{10}$$

二进制数与其他数之间的对应关系如表 1-2 所示。

表 1-2　几种常用进制之间的对照关系

十进制	二进制	八进制	十六进制
0	0000	0	0
1	0001	1	1
2	0010	2	2
3	0011	3	3
4	0100	4	4
5	0101	5	5
6	0110	6	6
7	0111	7	7
8	1000	10	8
9	1001	11	9
10	1010	12	A
11	1011	13	B
12	1100	14	C
13	1101	15	D
14	1110	16	E
15	1111	17	F

1.2.3　常用计数制之间的转换

不同数进制之间进行转换应遵循转换原则。转换原则是:两个有理数如果相等,则有理数的整数部分和分数部分一定分别相等。也就是说,若转换前两个数相等,转换后仍必须相等,数制的转换要遵循一定的规律。

1. 二、八、十六进制数转换为十进制数

(1)二进制数转换为十进制数。

将二进制数转换为十进制数,只要将二进制数用计数制通用形式表示出来,计算出结果,便得到相应的十进制数。

例:$(1\ 101\ 100.111)_2 = 1 \times 2^6 + 1 \times 2^5 + 0 \times 2^4 + 1 \times 2^3 + 1 \times 2^2 + 0 \times 2^1 + 0 \times 2^0 +$

$1×2^{-1}+1×2^{-2}+1×2^{-3}=64+32+8+4+0.5+0.25+0.125=(108.875)_{10}$

（2）八进制数转换为十进制数。

八进制数转换为十进制数：以8为基数按权展开并相加。

例：将八进制数$(652.34)_8$转换为十进制。

解：$(652.34)_8=6×8^2+5×8^1+2×8^0+3×8^{-1}+4×8^{-2}=384+40+2+0.375+0.0625=(426.4375)_{10}$

（3）十六进制数转换为十进制数

十六进制数转换为十进制数：以16为基数按权展开并相加。

例：将十六进制数$(19BC.8)_{16}$转换为十进制数。

解：$(19BC.8)_{16}=1×16^3+9×16^2+B×16^1+C×16^0+8×16^{-1}=4\ 096+2\ 304+176+12+0.5=(6\ 588.5)_{10}$

2. 十进制转换为二进制数

（1）整数部分的转换。

整数部分的转换采用的是除2取余法。其转换原则是：将该十进制数除以2，得到一个商和余数(K_0)，再将商除以2，又得到一个新商和余数(K_1)，如此反复，得到的商是0时得到余数(K_{n-1})，然后将所得到的各位余数，以最后余数为最高位，最初余数为最低位依次排列，即$K_{n-1}K_{n-2}\cdots K_1K_0$，这就是该十进制数对应的二进制数。这种方法又称为"倒序法"。

例：将十进制数$(126)_{10}$转换为二进制数。

```
2 | 126  ………… 余 0  (K₀)      低
2 | 63   ………… 余 1  (K₁)      ↑
2 | 31   ………… 余 1  (K₂)
2 | 15   ………… 余 1  (K₃)
2 | 7    ………… 余 1  (K₄)
2 | 3    ………… 余 1  (K₅)
2 | 1    ………… 余 1  (K₆)      高
    0
```

结果为：$(126)_{10}=(1\ 111\ 110)_2$

（2）小数部分的转换。

小数部分的转换采用乘2取整法。其转换原则是：将十进制数的小数乘以2，取乘积中的整数部分作为相应二进制数小数点后最高位K_{-1}，反复乘2，逐次得到K_{-2}、K_{-3}、$\cdots$、K_{-m}，直到乘积的小数部分为0或1的位数达到精确度要求为止。然后把每次乘积的整数部分由上而下依次排列起来$(K_{-1}K_{-2}\cdots K_{-m})$，即是所求的二进制数。这种方法又称为"顺序法"。

例：将十进制数$(0.534)_{10}$转换为二进制数。

$$
\begin{array}{r}
0.534 \\
\times \quad\quad 2 \\
\hline
1.068 \\
\end{array}
$$

$$
\begin{aligned}
&0.534 \\
&\underline{\times \quad\quad\quad 2} \\
&1.068 \quad\cdots\cdots\cdots\cdots\cdots\quad 1 \quad (K_{-1}) \quad 高 \\
&\underline{\times \quad\quad\quad 2} \\
&0.136 \quad\cdots\cdots\cdots\cdots\cdots\quad 0 \quad (K_{-2}) \\
&\underline{\times \quad\quad\quad 2} \\
&0.272 \quad\cdots\cdots\cdots\cdots\cdots\quad 0 \quad (K_{-3}) \\
&\underline{\times \quad\quad\quad 2} \\
&0.544 \quad\cdots\cdots\cdots\cdots\cdots\quad 0 \quad (K_{-4}) \\
&\underline{\times \quad\quad\quad 2} \\
&1.088 \quad\cdots\cdots\cdots\cdots\cdots\quad 1 \quad (K_{-5}) \quad 低
\end{aligned}
$$

结果为：$(0.534)_{10} = (0.100\ 01)_2$ 　　　　保留 5 位小数精度

例：将十进制数 $(50.25)_{10}$ 转换为二进制数。

分析：对于这种既有整数又有小数部分的十进制数，可将其整数和小数分别转换成二进制数，然后再把两者连接起来即可。

因为 $(50)_{10} = (110\ 010)_2$，$(0.25)_{10} = (0.01)_2$

所以 $(50.25)_{10} = (110\ 010.01)_2$

3. 八进制与二进制数之间的转换（421 法）

（1）八进制转换为二进制数。

八进制数转换成二进制数所使用的转换原则是"一位拆三位"，即把一位八进制数对应于三位二进制数，然后按顺序连接即可。

例：将八进制数 $(64.54)_8$ 转换为二进制数。

$$
\begin{array}{ccccc}
6 & 4 & \bullet & 5 & 4 \\
\downarrow & \downarrow & \downarrow & \downarrow & \downarrow \\
110 & 100 & \bullet & 101 & 100
\end{array}
$$

结果为：$(64.54)_8 = (110\ 100.101\ 100)_2$

（2）二进制数转换为八进制数。

二进制数转换成八进制数可概括为"三位并一位"，即从小数点开始向左右两边以每三位为一组，不足三位时补 0，然后每组改成等值的一位八进制数即可。

例：将二进制数 $(110\ 111.110\ 11)_2$ 转换为八进制数。

$$
\begin{array}{ccccc}
110 & 111 & \bullet & 110 & 110 \\
\downarrow & \downarrow & \downarrow & \downarrow & \downarrow \\
6 & 7 & \bullet & 6 & 6
\end{array}
$$

结果为：$(110\ 111.110\ 11)_2 = (67.66)_8$

4. 二进制数与十六进制数的相互转换（8421 法）

（1）二进制数转换为十六进制数。

二进制数转换成十六进制数的转换原则是"四位并一位"，即以小数点为界，整数部分从右向左每 4 位为一组，若最后一组不足 4 位，则在最高位前面添 0 补足 4 位，然后从左边第一组起,将每组中的二进制数按权数相加得到对应的十六进制数,并依次写出即可;小数部分从左向右每4位为一组,最后一组不足4位时,尾部用0补足4位,然后按顺序写出每组二进制数对应的十六进制数。

例:将二进制数$(1\ 111\ 101\ 100.000\ 110\ 1)_2$转换为十六进制数。

0011	1110	1100	•	0001	1010
↓	↓	↓	↓	↓	↓
3	E	C	•	1	A

结果为:$(1\ 111\ 101\ 100.000\ 110\ 1)_2 = (3EC.1A)_{16}$

(2)十六进制数转换为二进制数。

十六进制数转换成二进制数的转换原则是"一位拆四位",即把1位十六进制数写成对应的4位二进制数,然后按顺序连接即可。

例:将十六进制数$(C41.BA7)_{16}$转换为二进制数。

C	4	1	•	B	A	7
↓	↓	↓	↓	↓	↓	↓
1100	0100	0001	•	1011	1010	0111

结果为:$(C41.BA7)_{16} = (110\ 001\ 000\ 001.101\ 110\ 100\ 111)_2$

技巧点拨

在程序设计中,为了区分不同进制,常在数字后加一个英文字母作为后缀以示区别。

十进制数,在数字后面加字母D或不加字母也可以,如66 59D或6 659。

二进制数,在数字后面加字母B,如11 011 01B。

八进制数,在数字后面加字母O,如12 75O。

1.2.4　计算机中数据的单位

计算机数据的表示经常用到以下几个概念。在计算机内部,数据都是以二进制的形式存储和运算的。

1. 位

二进制数据中的一个位(bit)简写为b,音译为比特,是计算机存储数据的最小单位。一个二进制位只能表示0或1两种状态,要表示更多的信息,就要把多个位组合成一个整体,一般以8位二进制组成一个基本单位。

2. 字节

字节是计算机数据处理的最基本单位,并主要以字节为单位解释信息。字节(Byte)简记为 B,规定一个字节为 8 位,即 1B＝8bit。每个字节由 8 个二进制位组成。一般情况下,一个 ASCII 码占用一个字节,一个汉字国际码占用两个字节。

为了便于衡量存储器的大小,统一以字节(Byte,B)为单位。

千字节	1 KB＝1 024 B
兆字节	1 MB＝1 024 KB
吉字节	1 GB＝1 024 MB
太字节	1 TB＝1 024 GB

3. 字(字长)

一个字通常由一个或若干个字节组成。字(word)是计算机进行数据处理时,一次存取、加工和传送的数据长度。由于字长是计算机一次所能处理信息的实际位数,所以,它决定了计算机数据处理的速度,是衡量计算机性能的一个重要指标,字长越长,性能越好。

计算机型号不同,其字长是不同的,常用的字长有 8、16、32 和 64 位。一般情况下,IBM PC/XT 的字长为 8 位,80 286 微机字长为 16 位,80 386/80 486 微机字长为 32 位,酷睿 i5/酷睿 i7微机字长为 64 位。

如何表示正负和大小、在计算机中采用什么计数制是学习计算机的一个重要问题。数据是计算机处理的对象,在计算机内部,各种信息都必须通过数字化编码后才能进行存储和处理。

由于技术原因,计算机内部一律采用二进制,而人们在编程中经常使用十进制,有时为了方便还采用八进制和十六进制。理解不同计数制及其相互转换是非常重要的。

1.2.5　字符的编码

字符的编码包括字母、数字、各种符号和中文符号。由于计算机是以二进制的形式储存和处理数据,因此字符也必须按特定的规则进行二进制编码才能进入计算机。字符编码的方法很简单,首先确定需要编码的字符总数,然后将每一个字符按顺序确定顺序编码,编号值的大小无意义,仅作为识别与使用这些字符的依据。字符形式的多少涉及编码的位数。对西文与中文字符,由于形式的不同,使用不同的编码。

1. 西文字符的编码

计算机中常用的字符编码有 EBCDIC 码和 ASCII 码。IBM 系列大型机采用 EBCDIC 码,微型机采用 ASCII 码。ASCII 码是美国标准信息交换码,被国际化组织指定为国际标准。它有 7 位码和 8 位码两种版本。国际的 7 位 ASCII 码是用 7 位二进制数表示一个字符的编码,其编码范围从 0000000B～1111111B,共有 2^7＝128 个不同的编码值,相应可以表示 128 个不同的编码。

2. 汉字的编码

(1)汉字信息交换码。

汉字信息交换码简称交换码,也叫国标码。规定了 7 445 个字符编码,其中有 682 个非汉字图形符和 6 763 个汉字的代码。有一级常用字 3 755 个,二级常用字 3 008 个。两个字节存储一个国标码。国标码的编码范围为 2121H～7E7EH。区位码和国标码之间的转换方法是将一个汉字的十进制区号和十进制位号分别转换成十六进制数,然后再分别加上 20H,就成为此汉字的国标码:

汉字国标码＝区号(十六进制数)＋20H 位号(十六进制数)＋20H

而得到汉字的国标码之后,我们就可以使用以下公式计算汉字的机内码:

汉字机内码＝汉字国标码＋8 080H

(2)汉字内码。

汉字内码是在计算机内部对汉字进行存储、处理的汉字代码,它能满足存储、处理和传输的要求。一个汉字输入计算机后就转换为内码。内码需要两个字节存储,每个字节以最高位置"1"作为内码的标识。

(3)汉字字型码。

汉字字型码也叫字模或汉字输出码。在计算机中,8 个二进制位组成一个字节,它是度量空间的基本单位,可见一个 16×16 点阵的字型码需要 16×16/8＝32 字节存储空间。汉字字型通常分为通用型和精密型两类。

(4)汉字地址码。

汉字地址码是指汉字字库中存储汉字字型信息的逻辑地址码。它与汉字内码有着简单的对应关系,以简化内码到地址码的转换。

(5)各种汉字代码之间的关系。

汉字的输入、处理和输出的过程,实际上是汉字的各种代码之间的转换过程。图 1-5 即表示了这些汉字代码在汉字信息处理系统中的位置及它们之间的关系。

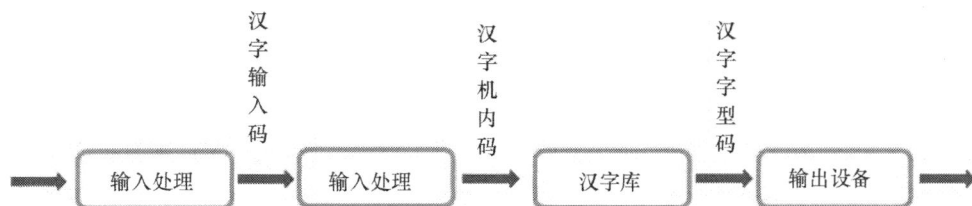

图 1-5 各种汉字代码之间的关系

实战演练

一、选择题

1. 世界上第一台计算机诞生于哪一年?(　　　)

A. 1945 年　　　　B. 1956 年　　　　C. 1935 年　　　　D. 1946 年

2. 第四代电子计算机使用的电子元件是（　　　）。

   A. 晶体管　　　　　　　　　　　　B. 电子管

   C. 中、小规模集成电路　　　　　　D. 大规模和超大规模集成电路

3. 微型计算机中，普遍使用的字符编码是（　　　）。

   A. 补码　　　　　B. 原码　　　　　C. ASCII 码　　　　D. 汉字编码

4. 用数据传输速率的单位是（　　　）。

   A. 位/秒　　　　　B. 字长/秒　　　　C. 帧/秒　　　　D. 米/秒

5. 微型计算机中使用的数据库属于（　　　）。

   A. 科学计算方面的计算机应用　　　B. 过程控制方面的计算机应用

   C. 数据处理方面的计算机应用　　　D. 辅助设计方面的计算机应用

6. 电子计算机的发展按其所采用的逻辑器件可分为几个阶段？（　　　）

   A. 2 个　　　　　B. 3 个　　　　　C. 4 个　　　　D. 5 个

7. 在计算机中，1KB 等于（　　　）。

   A. 1 000 个字节　　　　　　　　　B. 1 024 个字节

   C. 1 000 个二进制位　　　　　　　D. 1 024 个二进制位

8. 二进制数 110 000 转换成十六进制数是（　　　）。

   A. 77　　　　　　B. D7　　　　　　C. 7　　　　　D. 30

9. 与十进制数 4 625 等值的十六进制数为（　　　）。

   A. 1 211　　　　　B. 1 121　　　　　C. 1 122　　　　D. 1 221

10. 二进制数 110101 对应的十进制数是（　　　）。

   A. 44　　　　　　B. 65　　　　　　C. 53　　　　　D. 74

11. 下列 4 种不同数制表示的数中，数值最小的一个是（　　　）。

   A. 八进制数 247　B. 十进制数 169　C. 十六进制数 A6　D. 二进制数 10 101 000

二、填空题

1. 信息具有（　　　　　）、（　　　　　　）两个特性。

2. 微型机的存储容量一般是以 KB 为单位，这里 1KB 等于（　　　　　　）字节。

三、简答题

1. 被公认为世界第一台数字电子计算机的"ENIAC"是在何地、何时诞生的？

2. 冯·诺伊曼对计算机科学的主要贡献是什么？

3. 从世界第一台电子计算机诞生到今天，计算机经过了哪几代的演变？

项目2 计算机系统的组成

计算机系统是由硬件系统和软件系统两部分组成的,如图2-1所示。硬件系统是组成计算机系统的各种物理设备的总称,是计算机系统的物质基础,如CPU、存储器、输入设备、输出设备等。软件系统是为运行、管理和维护计算机而编制的各种程序、数据和文档的总称。没有软件系统的计算机对我们来说是没有用的,计算机的功能不仅取决于硬件系统,而且更大程度上是由所安装的软件系统所决定的。如果把计算机系统比作一个人,那么,硬件就是人的整个躯体,软件就是人脑中所有的知识和经验。

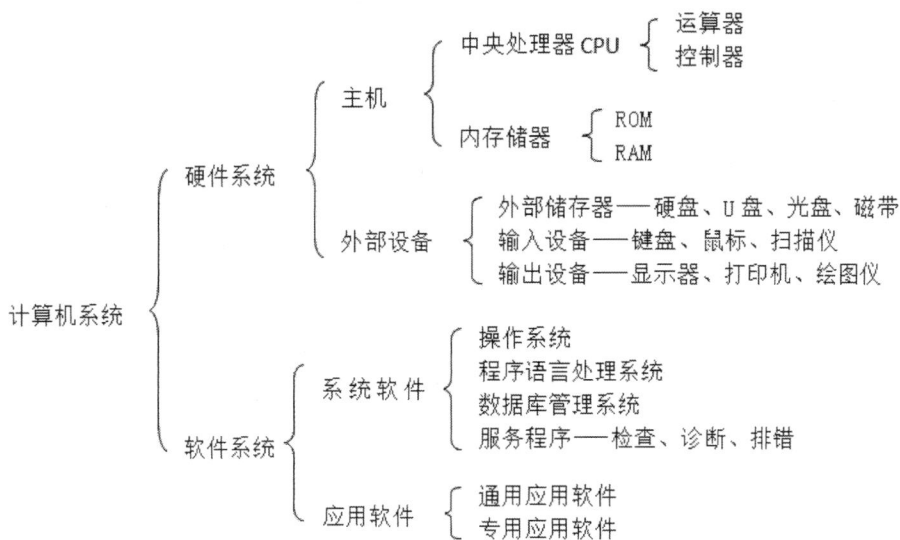

图 2-1 计算机系统组成

2.1 计算机硬件系统

硬件是计算机的物质基础,没有硬件就不能成为计算机。尽管各种计算机在性能、用途和规模上有所不同,但其基本结构都遵循冯·诺依曼体系结构。人们称符合这种设计的计算机为冯·诺依曼模型。这就决定了计算机硬件系统是由运算、控制、存储、输入、输出五个部分组成,这五个部分又可以归纳为两大类,即主机部分和外部设备部分,如图2-2所示。

```
                                    中央处理器 CPU ┤ 运算器
                              主机 ┤                控制器
                         │         │ 内存储器 ┤ ROM
                硬件系统 ┤                        RAM
                         │         │ 外部储存器——硬盘、U 盘、光盘、磁带
                              外部设备 ┤ 输入设备——键盘、鼠标、扫描仪
                                        输出设备——显示器、打印机、绘图仪
```

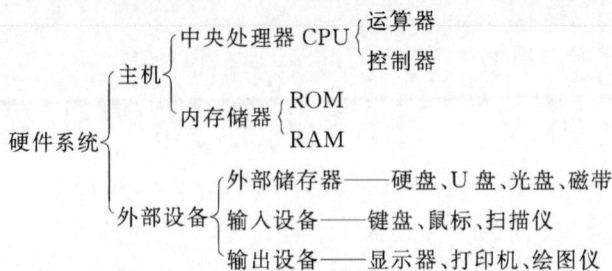

图 2-2　计算机硬件的组成

2.1.1　运算器

运算器（Arithmetic and Logic Unit，ALU）是计算机处理数据形成信息的加工厂，它的主要功能是对二进制数码进行算术或逻辑运算，所以，也称它为算数逻辑部件。所谓算数运算就是常用的加、减、乘、除以及乘方、开方等数学运算；而逻辑运算则指的是逻辑变量之间的运算，即通过与、或、非等基本操作对二进制数进行逻辑判断。

计算机之所以能够完成各种复杂操作，最根本的原因是由于运算器的运行。参加运算的数全部是在控制器的统一指挥下从内存储器中提取到运算器里，由运算器完成运算任务。运算器处理的对象是数据，处理的数据来自存储器，处理后的结果通常送回存储器或暂时存在运算器中。数据长度和表示方法对运算器的性能影响极大。计算机的字长大小决定了计算机的运算精度，字长越长，所能处理的数的范围越大；运算精度越高，处理速度越快。

以"1+3＝?"的简单算术运算为例，看计算机的运算过程。在控制器的作用下，计算机分别从内存中读取操作数，并将其暂存在寄存器 A 和寄存器 B 中。在运算时，两个操作数同时传至 ALU，在 ALU 中完成加法操作。执行后的结果根据需要被传送至存储器的指定单元或运算器的某个寄存器中，如图 2-3 所示。

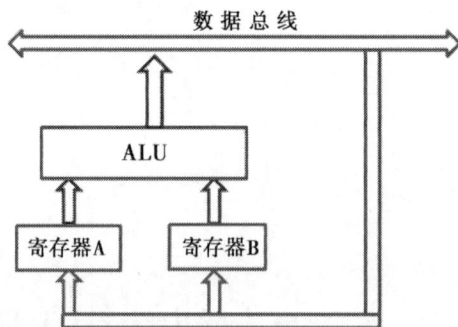

数 据 总 线

ALU

寄存器A　　寄存器B

图 2-3　运算器的结构示意图

运算器的性能指标是衡量整个计算机性能的重要因素之一，与运算器相关的性能指标包括计算机的字长和运算速度。

字长：指计算机部件一次能同时处理的二进制数的位数，见 1.2.2 节内容。作为存储数据，字长越长，则计算机的运算精度就越高；作为存储指令，字长越长，则计算机的处理能力越强。目前

普遍使用的英特尔公司和AMD公司的微处理器的微机大多支持32位字长或64位字长,这就意味着该类型的机器可以并行处理32位或64位二进制数的算术运算或逻辑运算。

运算速度:计算机的运算速度通常是指每秒钟能执行加法指令的数目。一般用百万次/秒(Million Instructions Per Second,MIPS)来表示,这个更能直观地反映机器的速度。

2.1.2　控制器

控制器(Control Unit,CU)是计算机的心脏,由它指挥全机各个部件自动、协调地工作。控制器的基本功能是根据指令计数器中指定的地址从内存取出一条指令,对其操作码进行译码,再由操作控制部件有序地控制各部件完成操作码规定的功能。控制器也记录操作中各个部件的状态,使计算机能有条不紊地自动完成程序规定的任务。

从宏观上看,控制器的作用是控制计算机各个部件协调工作;从微观上看,控制器的作用更是按一定顺序产生机器指令执行过程中所需要的全部控制信号,这些控制信号作用于计算机的各个部件以使其完成某种功能,从而达到执行指令的目的。所以,对控制器而言,其真正的作用是机器指令执行过程的控制。

控制器由指令寄存器(Instructions Register,IR)、指令译码器(Instructions Decoder,ID)、程序计数器(Program Counter,PC)和操作控制器(Operation Controller,OC)四个部件组成。IR用以保存当前执行或即将执行的指令代码;ID用来解析和识别IR中所存放指令的性质和操作方法;OC则根据ID的译码结果,产生该指令执行过程中所需要的全部控制信号和时序信号;PC总是保存下一条要执行的指令地址,从而使程序可以自动、持续地运行,如图2-4所示。

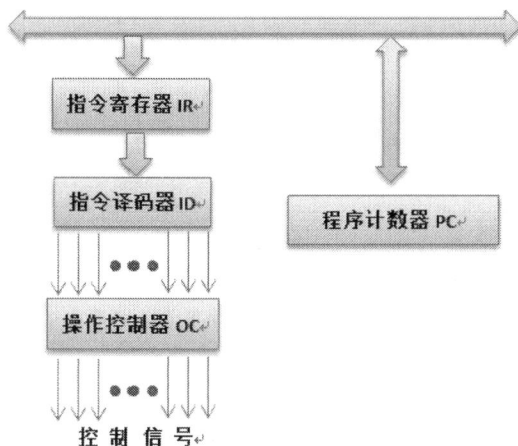

图2-4　控制器结构简图

1. 机器指令

为了让计算机按照人的意识和思维正确运行,必须设计一系列计算机可以真正识别和执行的语言——机器指令。机器指令是一个按照一定格式构成的二进制代码串,用来描述一个计算机可以理解并执行的基本操作。被指令所控制,计算机只能执行指令。

机器指令通常由操作码和操作数两部分组成。

①操作码:指明指令所要完成操作的性质和功能。

②操作数:指明操作码执行时的操作数。操作数的形式可以是数据本身,也可以是存放数据的内存单元地址或寄存器名称。操作数又分为源操作数和目的操作数,源操作数指明参加运算的操作数来源,目的操作数地址指明保存运算结果的存储单元地址或寄存器名称。

指令的基本格式如表 2-1 所示。

表 2-1 指令的基本格式

操作码	源操作数或地址	目的操作数地址

2. 指令的执行过程

计算机的工作过程就是按照控制器的控制信号自动、有序地执行指令。指令是计算机正常工作的前提。所有程序都是由一条条指令序列组成的。一条机器指令的执行需要获得指令、分析指令、执行指令。大致过程如下。

①获取指令:从存储单元地址等于当前程序计数器 PC 的内容的那个储存单元中读取当前要执行的指令,并把它存放到指令寄存器 IR 中。

②分析指令:指令译码器 ID 分析该指令(称为译码)。

③生成控制信号:操作控制器根据指令译码器 ID 的输出(译码结果),按一定的顺序产生该指令所需的控制信号。

④执行指令:在控制信号的作用下,计算机各部件完成相应的操作,实现数据的处理和结果的保存。

⑤重复执行:计算机程序计数器 PC 中新的指令地址,重复执行上述四个过程,直至执行到指令结束。

控制器和运算器是计算机的核心部件,这两个部分合成为计算机的中央处理器(Central Processing Unit, CPU),如图 2-5 所示,在微型计算机中通常称为微处理器(Micro Processing Unit, MPU)。微型计算机的发展与微处理器的发展是同步的。

图 2-5 CPU 外形

时钟主频指 CPU 的时钟频率,是微机性能的一个重要指标,它的高低在一定程度上决定了计算机运行速度的高低。主频以吉赫兹(GHz)为单位,一般来说,主频越高,速度越快。由于微处理器发展迅速,微机的主频也在不断地提高。"奔腾"(Pentium)处理器 CPU 的主频达到 1～5GHz。

2.1.3 存储器

存储器(Memory)是计算机存储信息的"仓库"。所谓"信息",是指计算机系统所要处理的数据和程序。程序是一组指令的集合。存储器是有记忆能力的部件,用来存储程序和数据。从存储器中取出信息,不破坏原有的内容,这种操作称为存储器的读出;把信息写入存储器,原来的内容被抹掉,这种操作称为存储器的写入。存储器可分为两大类:内存储器和外存储器。

内存储器简称内存(又称主存),是计算机中信息交流的中心,内存的存取速度和大小直接影响计算机的运算速度。内存条外形图如图 2-6 所示。

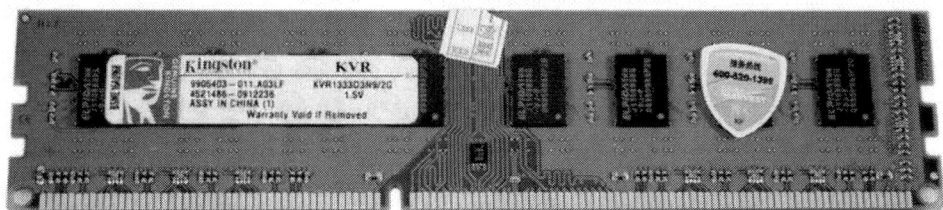

图 2-6 内存条外形

内存一般采用半导体存储器。根据工作方式的不同,内存又可分为随机存储器和只读存储器两部分。

①随机存储器(RAM):在计算机运行过程中所储存内容可以随时读出,又可以随时写入新的内容或修改已存入的内容。断电后所储存的内容全部丢失。随机存储器又可以分为静态 RAM 和动态 RAM 两种。

➢静态 RAM 的特点是只要不断电,信息就可长时间保存。其优点是速度快,不需要刷新,工作状态稳定;缺点是功耗大,集成度低,成本高。

➢动态 RAM 的优点是使用组件少,功耗低,集成度高;缺点是存取速度较慢且需要刷新。

②只读存储器(ROM):所储存的内容只能读出,不能写入。只读存储器的内容不可随便改变,所以断电后所储存的内容不会丢失。

关于 RAM 和 ROM 之间、动态 RAM 和静态 RAM 之间的区别如表 2-2 所示。

表 2-2　动态 RAM 和静态 RAM 比较

内存类型	静态 RAM 和动态 RAM 之间的区别			RAM 和 ROM 的区别
	区别点	静态 RAM	动态 RAM	
随机存储器（RAM）	1	集成度低	集成度高	信息可以随时写入。写入时，原数据被冲掉。通电时信息完好，一旦断电，信息消失，无法恢复
	2	价格高	价格低	
	3	存取速度快	存取速度慢	
	4	不需要刷新	需要刷新	
只读存储器（ROM）	分类	可编程只读存储器（PROM）、可擦写的可编程只读擦除器（EPROM）、掩模型只读存储器（MROM）		信息是永久性的，即使断电也不会消失

外储存器设置在主机外部，简称外存（又称辅助存储器，简称辅存），外存是内存的扩充，外存的存储容量大，存取速度慢。主要用来长期存放"暂时不用"的程序和数据。通常外存不和计算机的其他部件直接交换数据，只和内存交换数据。常见的外存有 U 盘、磁带、光盘等。

> **技巧点拨**
>
> 外存与内存的不同之处如下。
>
> 一是外存不怕停电，磁盘上的信息可以保存几年，甚至几十年，CD-ROM 可以永久保存。
>
> 二是外存的容量不像内存那样受多种限制，可以大得多，如当今硬盘的容量有100GB、1 000GB 等。
>
> 三是外存的存取速度慢，内存的速度快。

2.1.4　输入/输出设备

输入/输出设备（Input / Output devices，I/O 设备，也称外部设备）是计算机系统不可缺少的组成部分，是计算机与外部世界进行信息交换的中介，是人与计算机联系的桥梁。

1. 输入设备

输入设备（Input Device）是向计算机输入数据和信息的设备。是计算机与用户或其他设备通信的桥梁。键盘、鼠标、摄像头、扫描仪、光笔、手写输入板、游戏杆、语音输入装置等都属于输入设备。输入设备是人或外部与计算机进行交互的一种装置，用于把原始数据和处理这些数据的程序输入到计算机中。计算机能够接收各种各样的数据，既可以是数值型的数据，也可以是各种非数值型的数据，如图形、图像、声音等都可以通过不同类型的输入设备输入到计算机中，进行存储、处理和输出。如图 2-7 所示。

图 2-7 输入设备

2. 输出设备

输出设备(Output Device)是计算机的终端设备,用于接收计算机数据的输出显示、打印、声音、控制外围设备操作等,也可把各种计算结果的数据或信息以数字、字符、图像、声音等形式表示出来。主要功能是将内存中计算机处理后的信息以能为人或其他设备所接受的形式输出。输出设备种类也很多,常见的有显示器、打印机、绘图仪、影像输出系统、语音输出系统、磁记录设备等。打印机和显示设备已成为每台计算机和大多数终端所必需的设备。如图 2-8 所示。

3. 其他输入/输出设备

目前,不少设备同时集成了输入/输出两种功能。例如,调制解调器(Modem),是数字信号和模拟信号之间的桥梁。用一台调制解调器将计算机的数字信号转换成模拟信号,通过电话线传送到另一台调制解调器上,经过解调,再将模拟信号转化为数值信号送入计算机,实现两台计算机之间的数据通信;再比如,触摸屏既可以以"显示器"身份作为计算机输出设备,又可以用"键盘"的身份作为计算机输入设备。如图 2-9 所示。

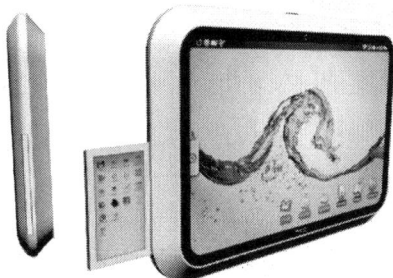

图 2-8 输出设备   图 2-9 输入/输出设备

2.1.5 计算机的结构

计算机硬件系统的五大部件并不是孤立存在的,它们在处理信息的过程中需要互相连接以传输数据。计算机的结构反映了计算机各个组成部件之间的连接方式。

1. 直接连接

最早的计算机,基本上采用直接连接的方式,运算器、存储器、控制器和外部设备等组成部件之中的任意两个组成部件,相互之间基本上都有单独的连接线路。这样的结构可以获得最高的连接速度,但不易扩展。如由冯·诺依曼在 1952 年研制的计算机 IAS,基本上就采用了直接连接的结构。IAS 是计算机发展史上最重要的发明之一,它是世界上第一台采用二进制的存储程序计算机,也是第一台将计算机分成运算器、控制器、存储器、输入设备和输出设备等组成部分的计算机,后来把符合这种设计的计算机称为冯·诺依曼机。IAS 是现代计算机的原型,大多数现代计算机仍在采用这样的设计。

2. 总线结构

现代计算机普遍采用总线结构。所谓总线(Bus)就是系统部件之间传送信息的公共通道,各部件由总线连接,并通过它传递数据和控制信号。总线经常被比喻为"高速公路"。它包含了运算器、控制器、存储器和 I/O 部件之间进行信息交换和控制传递所需要的全部信号。按照信号的性质划分,总线一般又分为如下三个部分。

(1)数据总线。

一组用来在存储器、运算器、控制器和 I/O 部件之间传输数据信号的公共通道。一方面是用于 CPU 向主存储器和 I/O 接口传送数据,另一方面是用于主存储器和 I/O 接口向 CPU 传送数据,是双向的总线。数据总线的位数是计算机的一个重要指标,它体现了传输数据的能力,通常与 CPU 的位数相对应。

(2)地址总线。

地址总线是 CPU 向主存储器和 I/O 接口传送地址信息的公共通路。地址总线传送地址信息,地址是识别信息存放位置的编号,地址信息可能是存储器的地址,也可能是 I/O 接口的地址。它是自 CPU 向外传输的单向总线。由于地址总线传输地址信息,所以地址总线的位数决定了 CPU 可以直接寻址的内存范围。

(3)控制总线。

一组用来在存储器、运算器、控制器和 I/O 部件之间传输控制信号的公共通路。控制总线是 CPU 向主存储器和 I/O 接口发出命令信号的通道,又是外界向 CPU 传送状态信息的通道。

3. 总线标准

总线在发展过程中已逐步标准化,常见的总线标准有 ISA 总线、PCI 总线、AGP 总线和 EISA 总线等,下面分别简要介绍。

(1)ISA 总线采用了 16 位的总线结构,适用范围广,有一些接口卡就是根据 ISA 标准产生的。

(2)PCI 总线采用了 32 位的高性能总线结构,可扩展到 64 位,与 ISA 总线兼容。目前,高性能微型计算机主板上都设有 PCI 总线。该总线标准性能先进、成本较低、可扩充性强,现已成奔腾级以上计算机普遍采用的外设接插总线。

(3)AGP 总线是随着三维图形的应用而发展起来的一种总线标准。AGP 总线在图形与内存之间提供了一条直接的访问途径。

(4)EISA 总线是对 ISA 总线的扩展。

总线结构是当今计算机普遍采用的结构,其特点是结构简单清晰、易于扩展,尤其是在 I/O 接口的扩展功能方面,由于采用了总线结构和 I/O 接口标准,几乎可以随心所欲地在计算机中加入新的 I/O 接口卡。图 2-10 就是一个基于总线结构的计算机的结构示意图。

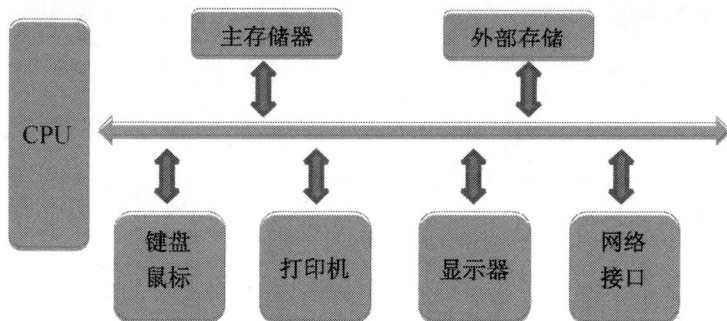

图 2-10 基于总线结构的计算机的结构示意图

2.2 计算机软件系统

软件系统是指使用计算机所运行的全部程序的总称。软件是计算机的灵魂,是发挥计算机功能的关键。有了软件,人们可以不必过多地去了解机器本身的结构与原理,就可以方便灵活地使用计算机,从而让计算机有效地为人类工作、服务。

2.2.1 软件系统概述

随着计算机应用的不断发展,计算机软件在不断积累和完善的过程中,形成了极为宝贵的软件资源。它在用户和计算机之间架起了桥梁,给用户的操作带来极大的方便。

在计算机系统中,硬件和软件之间并没有一条明确的分界线。一般来说,任何一个由软件完成的操作也可以直接由硬件来实现,而任何一个由硬件执行的指令也能够用软件来完成。硬件和软件有一定的等价性,例如,图像的解压,以前低档计算机是用硬件解压,现在高档计算机则用软件来实现。

软件和硬件之间的界线是经常变化的。要从价格、速度、可靠性等多种因素综合考虑,来确定哪些功能用硬件实现合适,哪些功能由软件实现合适。

2.2.2 软件系统组成

软件是指程序、程序运行所需要的数据,以及开发、使用和维护这些程序所需要的文档的集合。计算机软件极为丰富,要对软件进行恰当的分类是相当困难的。通常的分类方法是将软件分为系统软件和应用软件两大类,如图 2-11 所示。

```
                                    ┌ 单用户操作系统
                          操作系统  │ 多用户操作系统
                                    │ 网络操作系统
                                    └ ……

                                    ┌ 机器语言
                          语言处理程序 │ 汇编语言
              系统软件    │             └ 高级语言
              │           数据库管理系统
              │                          ┌ 编辑程序
              │                          │ 连接装配程序
  软件系统  ┤             服务程序    │ 测试程序
              │                          │ 诊断程序
              │                          └ 调试程序
              │           ┌ 用户程序
              应用软件  ┤ 应用软件包
```

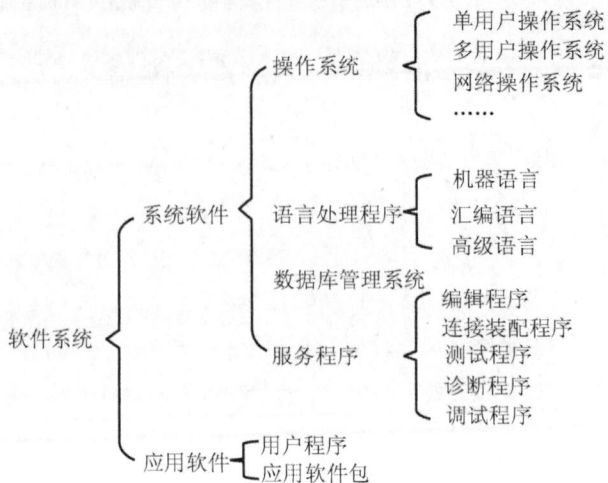

图 2-11 软件系统的组成

1. 系统软件

系统软件是控制计算机的运行,管理计算机的各种资源,并为应用软件提供支持和服务的一类软件。在系统软件的支持下,用户才能运行各种应用软件。系统软件通常包括操作系统、语言处理程序和数据库管理系统。

(1)操作系统(Operating System,OS)。

为了使计算机系统的所有软、硬件资源协调一致、有条不紊地工作,就必须有一种软件来进行统一的管理和调度,这种软件就是操作系统。操作系统的主要功能就是管理和控制计算机系统的所有资源(包括硬件和软件资源)。

操作系统通常分成以下五类。

➢单用户操作系统。微软的 MS-DOS 属于此类。

➢批处理操作系统。IBM 的 DOS/VSE 属于此类。

➢分时操作系统。UNIX 是国际最流行的分时操作系统。

➢实时操作系统。

➢网络操作系统。

(2)语言处理程序。

软件经历了由机器语言、汇编语言到高级语言的发展阶段,计算机硬件唯一识别和执行的是由机器指令组成的机器语言程序。机器语言实际上就是一串串的二进制代码,它虽然能被计算机直接识别,但对使用计算机的人来说,这些代码难认、难记、难改,因此就产生了有利于人们编写程序的汇编程序设计语言和高级程序设计语言,比如常用的 C 语言、VB 等就属于高级语言。

(3)数据库管理系统(DBMS)。

DBMS 专门用于管理大量数据和开发数据管理软件的系统软件,比如 SQL Server、Oracle 等。

2. 应用软件

应用软件是用户可以使用的各种程序设计语言以及用各种程序设计语言编制的应用程序的集合,分为应用软件包和用户程序。应用软件包是利用计算机解决某类问题而设计的程序的集合,供多用户使用。应用软件是为满足用户不同领域、不同问题的应用需求而提供的那部分软件。它可以拓宽计算机系统的应用领域,放大硬件的功能。应用软件具有无限丰富和美好的开发前景。

应用软件一般都具有特定应用目的。它往往是适用于某些用户、某些用途的应用程序,如管理软件、计算机辅助设计软件、游戏和教学软件等。一般来说,它有比较强的特定功能。

实战演练

一、选择题

1. 下列四种设备中,属于计算机输入设备的是(　　)。

 A. UPS   B. 服务器   C. 绘图仪   D. 光笔

2. 下列有关存储器读写速度的排列,正确的是(　　)。

 A. RAM＞Cache＞硬盘＞软盘   B. Cache＞RAM＞硬盘＞软盘

 C. Cache＞硬盘＞RAM＞软盘   D. RAM＞硬盘＞软盘＞Cache

3. 下列几种存储器中,存取周期最短的是(　　)。

 A. 内存储器   B. 光盘存储器   C. 硬盘存储器   D. 软盘存储器

4. 在 Windows 环境中,最常用的输入设备是(　　)。

 A. 键盘   B. 鼠标   C. 扫描仪   D. 手写设备

5. 网络操作系统除了具有通常操作系统的四大功能外,还具有的功能是(　　)。

 A. 文件传输和远程键盘操作   B. 分时为多个用户服务

 C. 网络通信和网络资源共享   D. 远程源程序开发

6. 为解决某一特定问题而设计的指令序列称为(　　)。

 A. 文件   B. 语言   C. 程序   D. 软件

7. 下列四条叙述中,正确的一条是(　　)。

 A. 计算机系统是由主机、外设和系统软件组成的

 B. 计算机系统是由硬件系统和应用软件组成的

 C. 计算机系统是由硬件系统和软件系统组成的

 D. 计算机系统是由微处理器、外设和软件系统组成的

8. 两个软件都属于系统软件的是(　　)。

 A. DOS 和 Excel   B. DOS 和 UNIX   C. UNIX 和 WPS   D. Word 和 Linux

9. 下列有关总线的描述,不正确的是(　　)。

 A. 总线分为内部总线和外部总线   B. 内部总线也称为片总线

 C. 总线的英文表示就是 Bus   D. 总线体现在硬件上就是计算机主板

10. 下列叙述中,正确的是(　　)。

 A. 计算机的体积越大,其功能越强

 B. CD-ROM 的容量比硬盘的容量大

C. 存储器具有记忆功能,故其中的信息任何时候都不会丢失

D. CPU 是中央处理器的简称

11. 操作系统的功能是(　　　)。

　　A. 将源程序编译成目标程序

　　B. 负责诊断机器的故障

　　C. 控制和管理计算机系统的各种硬件和软件资源的使用

　　D. 负责外设与主机之间的信息交换

12. 《计算机软件保护条例》中所称的计算机软件(简称软件)是指(　　　)。

　　A. 计算机程序　　　　　　　　　　B. 源程序和目标程序

　　C. 源程序　　　　　　　　　　　　D. 计算机程序及其有关文档

13. 下列关于系统软件的四条叙述中,正确的一条是(　　　)。

　　A. 系统软件的核心是操作系统

　　B. 系统软件是与具体硬件逻辑功能无关的软件

　　C. 系统软件是使用应用软件开发的软件

　　D. 系统软件并不具体提供人机界面

14. 微型机的 DOS 系统属于哪一类操作系统?(　　　)

　　A. 单用户操作系统　　　　　　　　B. 分时操作系统

　　C. 批处理操作系统　　　　　　　　D. 实时操作系统

15. 以下不属于系统软件的是(　　　)。

　　A. DOS　　　　　B. Windows 3.2　　　C. Windows 7　　　D. Excel 2010

16. 下面列出的四种存储器中,易失性存储器是(　　　)。

　　A. RAM　　　　　B. ROM　　　　　　C. FROM　　　　　　D. CD−ROM

17. 计算机中对数据进行加工与处理的部件,通常称为(　　　)。

　　A. 运算器　　　　B. 控制器　　　　　C. 显示器　　　　　D. 存储器

18. 计算机软件系统包括(　　　)。

　　A. 系统软件和应用软件　　　　　　B. 编辑软件和应用软件

　　C. 数据库软件和工具软件　　　　　D. 程序和数据

二、填空题

1. 微型计算机的总线有(　　　　)、(　　　　)和(　　　　)三种。

2. 内存储器的每一个存储单元都被赋予一个唯一的序号,称作(　　　　)。

3. 只读存储器大致可分成三类(　　　　)、(　　　　)和(　　　　)。

4. 计算机是由(　　　　)、(　　　　)、(　　　　)、(　　　　)和(　　　　)等组成的。

5. 计算机系统由(　　　　)和(　　　　)两部分组成。

三、简答题

1. 计算机系统由哪几部分组成?各部分的功能分别是什么?

2. 计算机内存与外存有哪些区别?表示储存器储存容量的单位是什么?

3. 计算机系统包含哪些部件?

项目 3　计算机网络基础及信息安全

3.1　计算机网络基础

计算机网络（Computer Network）是利用通信线路和通信设备，把分布在不同地理位置、具有独立功能的多台计算机、终端及其附属设备互相连接，按照网络协议进行数据通信，利用功能完善的网络软件实现资源共享的计算机系统的集合。计算机网络是计算机技术与通信技术结合的产物。

3.1.1　计算机网络概述

计算机网络是将若干台独立的计算机通过传输介质物理地相互连接，并通过网络软件逻辑地相互联系到一起而实现信息交换、资源共享、协同工作和在线处理等功能的计算机系统。计算机网络给人们的生活带来了极大的方便，如办公自动化、网上银行、网上订票、网上查询、网上购物等。计算机网络不仅可以传输数据，更可以传输图像、声音、视频等多种媒体形式的信息，在人们的日常生活和各行各业中发挥着越来越重要的作用。

1. 计算机网络的基本概念

"网络"主要包括连接对象（即元件）、连接介质、连接控制机制（如约定、协议、软件）和连接方式与结构四个方面。

计算机网络连接的对象是各种类型的计算机（如大型计算机、工作站、微型计算机等）或其他数据终端设备（如各种计算机外部设备、终端服务器等）。计算机网络的连接介质是通信线路（如光纤、同轴电缆、双绞线、地面微波、卫星等）和通信设备（网关、网桥、路由器、Modem 等），其控制机制是各层网络协议和各类网络软件。所以计算机网络是利用通信线路和通信设备，把地理上分散的并具有独立功能的多个计算机系统互相连接起来，按照网络协议进行数据通信，用功能完善的网络软件实现资源共享的计算机系统的集合。它是指以实现远程通信和资源共享为目的，大量分散但又互联的计算机的集合。互联的含义是两台计算机能够互相通信。

两台计算机通过通信线路（包括有线和无线通信线路）连接起来就组成了一个最简单的计算机网络。全世界成千上万台计算机相互间通过双绞线、电缆、光纤和无线电等连接起来构成了世界上最大的 Internet 网络。网络中的计算机可以是在一间办公室内,也可能分布在地球的两端。这些计算机是相互独立的,即所谓自治的计算机系统,脱离了网络它们也能作为单机正常工作。在网络中,需要有相应的软件或网络协议对自治的计算机系统进行管理。

2. 计算机网络的产生与发展

计算机网络最早出现于 20 世纪 50 年代,是通过通信线路将远方终端资料传送给主计算机处理形成的一种简单的联机系统。随着计算机技术和通信技术的不断发展,计算机网络也经历了从简单到复杂、从单机到多机的发展过程,其演变过程主要可分为面向终端的计算机网络、计算机通信网络、计算机互联网络和高速互联网络四个阶段,如表 3-1 所示。

表 3-1　计算机网络发展的四个阶段

时期	类别	特点
20 世纪 50 年代	简单计算机网络	主计算机有独立的数据处理能力,终端设备均无独立处理数据的能力
20 世纪 60 年代	若干个计算机互连起来的系统	计算机间可通信、资源共享;1969 年,APPANET 网的建立,开启了军事方面的用途
20 世纪 70 年代	计算机网络	商业化,计算机网络体系的标准化
20 世纪 80 年代末期至今	Internet	网络互联,网络技术迅速发展

3. 计算机网络的组成和功能

(1)计算机网络系统的组成。

从网络逻辑功能来看,可以将计算机网络分成通信子网和资源子网两部分。

通信子网中心由网络中的通信控制处理器、其他通信设备、通信线路和只作用信息交换的计算机组成,负责完成网络数据的传输和转发等通信处理任务。通信子网一般由路由器、交换机和通信线路等组成。

资源子网处于通信子网的外围,由主机系统、外设、各种软件资源和信息资源等组成,负责全国的数据处理业务,向网络用户提供各种网络资源和网络服务。主机系统是资源子网的主要组成部分,它通过高速通信线路与通信子网的通信控制处理机相连接。普通用户的计算机可通过主机系统连接入网。

(2)计算机网络的功能。

信息交换:通过网络实现计算机之间的信息通信和数据交换。

资源共享:包括硬件、软件和数据资源的共享。

分布式:指网络系统中的若干台计算机可以相互协作共同完成任务。

4. 计算机网络的分类

按照分布范围可把计算机网络分为局域网、城域网和广域网三类。

(1)局域网。

局域网(Local Area Network，LAN)又称为局部区域网，覆盖范围为几百米到几千米，一般连接一幢或几幢大楼。信道传输速率可达 1～20Mbps，结构简单，布线容易。局域网是一种在小范围内实现的计算机网络，一般在一个建筑物内或一个工厂、一个单位内部，为单位所独有。

(2)城域网。

城域网(Metropolitan Area Network，MAN)是由不同的局域网通过网间连接构成一个覆盖在整个城市范围之内的网络。它是比局域网规模大一些的中型网络，提供全市的信息服务。在一个学校范围内的计算机网络通常称为校园网。实质上它是由若干个局域网连接构成的一个规模较大的局域网，也可视校园网为一个介于普通局域网和城域网之间规模较大、结构较复杂的局域网络。

(3)广域网。

广域网(Wide Area Network，WAN)的作用范围通常为几十到几千千米，可以分布在一个省、一个国家或几个国家。广域网信道传输速率较低，一般小于 0.1Mbps，结构比较复杂。它的通信传输装置和媒体一般由电信部门提供。

5. 计算机网络的拓扑结构

计算机网络拓扑是通过网络节点与通信线路之间的几何关系来表示网络结构。计算机网络拓扑结构通常有星形结构、总线形结构、环形结构、树形结构和网状结构。在组建局域网时常采用星形、环形、总线形和树形结构。树形和网状结构在广域网中比较常见。但是在一个实际的网络中，可能是上述几种网络结构的混合。

(1)星形结构。

星形布局是以中央节点为中心与各节点连接而组成的，各节点与中央节点通过点与点方式连接，中央节点执行集中式通信控制策略，各节点间不能直接通信，需要通过该中心处理机转发。因此，中央节点相当复杂，负担也重，必须有较强的功能和较高的可靠性。

星形结构的优点是结构简单、建网容易、控制相对容易。其缺点是集中控制，主机负载过重，可靠性低，通信线路利用率低，如图 3-1 所示。

(2)总线形结构。

用一条称为总线的中央主电缆，将相互之间以线性方式连接的工作站连接起来的布局方式，称为总线形结构。在总线形结构中，所有网上微机都通过相应的硬件接口直接连在总线上，任何一个节点的信息都可以沿着总线向两个方向传输扩散，并且能被总线中任何一个节点所接收。由于其信息向四周传播，类似于广播电台，故总线网络也被称为广播式网络，如图 3-2 所示。

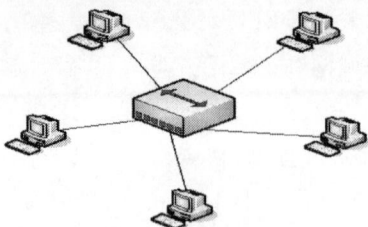

图 3-1　星形结构

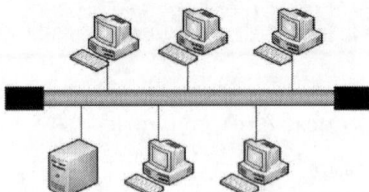

图 3-2　总线形结构

总线形结构的特点是:结构简单灵活,非常便于扩充;可靠性高,网络响应速度快;设备量少、价格低、安装使用方便;共享资源能力强,总线形网络结构是目前使用最广泛的结构,也是传统的一种主流网络结构,适合于信息管理系统、办公自动化系统领域的应用。目前在局域网中多采用此种结构。

(3)环形结构。

环形结构将各个联网的计算机由通信线路连接形成一个首尾相连的闭合的环。在环形结构的网络中,信息按固定方向流动,或顺时针方向,或逆时针方向。其传输控制机制较为简单,实时性强,但可靠性较差,网络扩充复杂。环形网也是微机局域网常用拓扑结构之一,适合信息处理系统和工厂自动化系统。如图 3-3 所示。

(4)树形结构。

树形结构实际上是星形结构的一种变形,它将原来用单独链路直接连接的节点通过多级处理主机进行分级连接。这种结构与星形结构相比降低了通信线路的成本,但增加了网络复杂性。网络中除最低层节点及其连线外,任何一个节点连线的故障均影响其所在支路网络的正常工作,如图 3-4 所示。

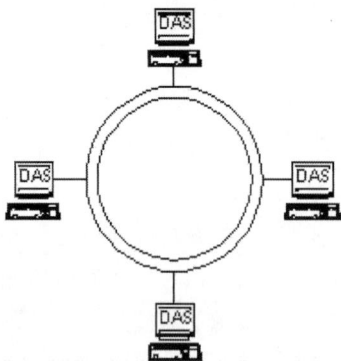

图 3-3　环形结构

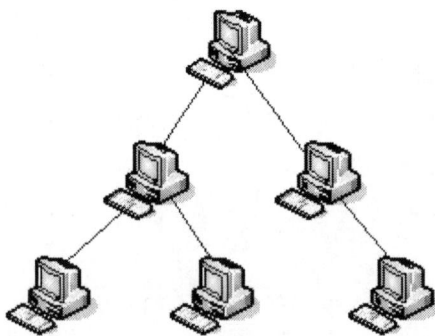

图 3-4　树形结构

(5)网状结构。

网状结构的优点是节点间路径多,可大大减少碰撞和阻塞,局部的故障不会影响整个网络的正常工作,可靠性高;网络扩充和主机入网比较灵活、简单,如图 3-5 所示。但这种网络关系复杂,不易建网,网络控制机制复杂,广域网中一般采用网状结构。

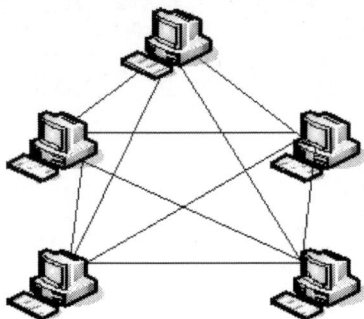

图 3-5　网状结构

6. 网络协议与网络体系机构

(1)计算机网络协议。

网络中的计算机要实现通信,必须事先对信息的内容、格式、传输时序和出错控制等方面进行约定。这些网络通信双方共同遵守的约定或规则称为协议(Protocol)。其关键要素是语法、语义和时序。语法是指数据的结构或格式。语义是指发送数据中每一部分的含义。时序是指数据何时发送以及发送速率等。计算机网络协议是指计算机网络中不同主机之间、不同操作系统之间为实现通信所共同遵守的一系列约定和规则。

为了减少网络协议设计和实现的复杂性,大多数网络按层的方式来组织。层和协议的集合称为网络体系结构。目前有两大网络体系结构:一个是 OSI 体系结构;另一个是 TCP/IP 体系结构。

(2)OSI 七层协议模型。

它是 OSI 组织对计算机网络协议制定的参考标准,把体系结构分为七层:物理层、数据链路层、网络层、传输层、会话层、表示层和应用层。如图 3-6 所示。

其中,底层协议侧重于处理实际的信息传输,高层协议侧重于处理用户服务和各种应用请求,从第二层以上用软件实现。OSI 要求双方通信只能在同一层次进行,实际通信是自上而下,经过物理层通信,再自下而上传送到对等的层次。

①物理层。物理层提供数据链路实体之间监理、保持和中止物理连接,对通信介质、调制技术、传输速率、插头等具体特征加以说明,实现二进制位流的交换。

②数据链路层。数据链路层实现以帧为单位的数据块交换,包括帧的装配、分解及差错处理的管理。如果数据帧被破坏,则发送端能自动重发。帧包括数据块和接收方的地址。

③网络层。网络层的主要任务是交换和路由。交换是指在物理设备之间监理临时连接。路由是指选择从一端到另一端传输数据的最佳路径。在网络层中数据交换的单元是报文或包(Packet)。

④传输层。传输层提供两个会话实体之间透明的数据传输,并进行差错恢复、流量控制

等,实现独立于网络通信的端到端报文交换,为计算机节点之间的连接提供服务。

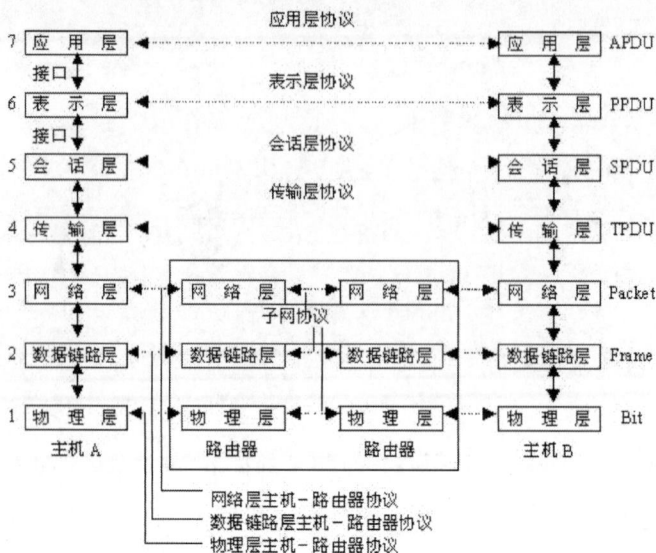

图 3-6　OSI 参考模型

⑤会话层。会话层为用户提供建立、管理和中止连接的服务。为建立对话,双方的会话层应核实对方是否有权参加会话,确定由哪一方支付通信费用,并在选择功能(如全双工或半双工通信)方面取得一致。该层是用户连接到网络上的接口。

⑥表示层。表示层提供应用程序在数据表示差异上的独立性,保证通信设备之间的互操作性。表示层以下各层主要关心的是传输可靠比特流,而表示层要关心的是所传输信息的语法和语义。用户可以使两台内部数据表示不同的计算机实现通信。在表示层可以引入数据加密和解密,从而保证安全性。

⑦应用层。应用层提供给用户对 OSI 环境的访问和分布式信息服务。应用层以下均通过应用层向应用程序提供服务,为用户提供接口,为电子邮件、文件传输等信息服务提供支持。

(3)TCP/IP 体系结构。

TCP/IP 是行业标准,在计算机网络体系结构中占有非常重要的地位。Internet 主要采用的协议就是 TCP/IP。它将网络分为四层:网络接口层、网络层、传输层和应用层,它与OSI 体系结构的对应关系如图 3-7 所示。

①网络接口层。网络接口层是 TCP/IP 参考模型的最底层,与 OSI 的链路层和物理层相对应,负责管理设备和网络之间的数据交换。它包括各种逻辑链路控制和媒介访问协议,如以太网协议、X.25、FDDI 等。

②网络层。网络层也叫网际层,是 TCP/IP 参考模型的第二层,与 OSI 的网络层相对应,负责将源主机的报文分组发送到目的主机,源主机与目的主机可以在同一个网上,也可以在不同的网上。

图 3-7　TCP/IP 协议及其与 OSI 模型的对应关系

网络层主要的协议是无连接的网络互连协议(Internet Protocol，IP)和 Internet 控制报文协议(Internet Control Message Protocol，ICMP)。

③传输层。传输层是 TCP/IP 参考模型的第三层，与 OSI 的传输层的功能相对应，它负责在应用进程之间的"端—端"通信。

传输层可使用两种不同的协议：一种是面向连接的传输控制协议（Transmission Control Protocol，TCP）；另一种是无连接的用户数据报协议(User Data Protocol，UDP)。

④应用层。应用层是 TCP/IP 参考模型的最高层，与 OSI 模型的上三层相对应(应用层、表示层和会话层)，为各种应用层序提供了使用的协议，主要有以下几种。

➢ HTTP：超文本传输协议，用来访问在 WWW 服务器上的各种页面。

➢ FTP：文件传输协议，为文件的传输提供途径(上传、下载文件)。

➢ DNS：域名系统，用于实现从主机(域名)到 IP 地址的转换。

➢ Telnet：远程登录协议，实现互联网中工作站(终端)登录到远程服务器的能力。

➢ SMTP：简单邮件传输协议，实现互联网中电子邮件的传送功能。

7．计算机网络的构成

计算机网络是一个非常复杂的系统，它要完成数据处理和数据通信两大任务。因此，它通常由网络硬件和网络软件组成，如图 3-8 所示。

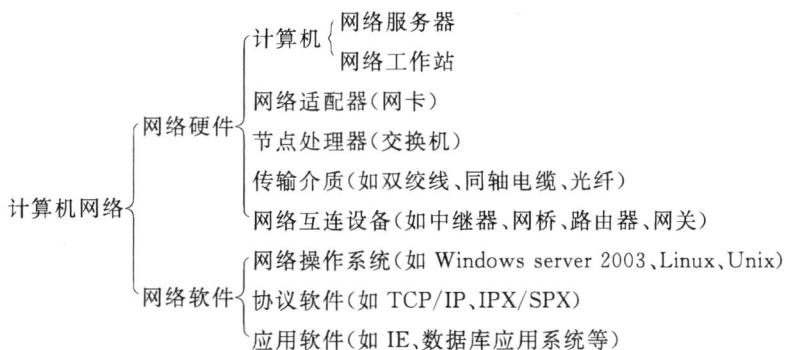

图 3-8　计算机网络物理构成

3.1.2　Internet 基础知识

Internet 的全称是 Internetwork,中文译作因特网,是集计算机技术和通信技术于一体的全球计算机互联网。从网络通信技术的观点来看,Internet 是一个以 TCP/IP 通信协议为基础,连接各个国家、各个部门、各个机构计算机的数据通信网;从信息资源的观点来看,Internet 是一个集各个领域、各个学科的各种信息资源为一体的,供网上用户共享的数据资源网。Internet 是目前世界上最大的计算机网络,它起源于美国国防部高级研究计划局(ARPA)主持研制的 ARPAnet。简单地说,Internet 是由遍布全球的各种网络系统、主机系统通过一个协议(TCP/IP)连接在一起组成的世界性计算机网络系统。

中国从 1994 年正式接入 Internet。目前,我国直接接入 Internet 的网络主要有。

➢中国公用计算机互联网 CHINANET。

➢中国教育和科研计算机网 CERNET。

➢中国科学技术网 CSTNET。

➢中国金桥信息网 CHINAGBN。

➢中国联通互联网 UNINET。

➢中国网通公用互联网 CNCNET。

➢中国移动互联网 CMNET。

其中前四大网络发展最早、影响最广泛,是我国的四大互联网。

3.1.3　IP 地址和子网划分

为了在网络环境下实现计算机之间的通信,网络中的任何一台计算机都必须有一个地址,而且同一个网络中的地址不允许重复。一般在进行数据传输时,通信协议需要在所要传输的数据中增加某些信息,其中最重要的就是发送信息的计算机地址(称为源地址)和接收信息的计算机地址(称为目标地址)。

Internet 上的网络地址有两种表示形式:IP 地址和域名地址。这两者是相对应的,与日常用的电话号码一样,它们也是唯一的。无论是从使用 Internet 的角度还是从运行 Internet 的角度看,IP 地址和域名地址都是十分重要的概念。

1. IP 地址

IP 地址是以 IP 协议为标识的主机所使用的地址,它是 32 位的无符号二进制数(可用十进制表示),分为 4 个字节,中间用圆点分隔,以 X.X.X.X 表示,每个 X 为 8 位,对应的十进制取值范围为 0~255,这样的地址也被称为点分十进制地址,如 168.235.56.5。IP 地址的管理是由一个叫国际互联网络中心(NIC)的国际组织统一管理的,中国也有相应的组织,叫中国国际互联网络中心(CNNIC)。

2．IP 地址的种类

一个 IP 地址由两部分组成：网络号和主机号。网络号表示在同一物理子网上的所有计算机和其他网络设备，同一网络中的所有主机有一个唯一的网络号；主机号在一个特定网络号中代表一台计算机或网络设备。对于同一个网络号来说，主机号是唯一的。

为了适应不同规模的网络，Internet 组织已经将 IP 地址进行了分类，根据网络规模中主机总数的大小主要分为 A、B、C 三类。

➤ A 类地址。最高位用二进制 0 标识，其网络号占用 7 位，其余 24 位表示主机号，总共有 126 个网络。A 类网络地址数量较少，一般分配给少数拥有大量主机的大型网络，其可用地址范围是：1.0.0.1～126.255.255.254。

➤ B 类地址。最高两位用二进制 10 标识，其网络号占用 14 位，可分配的网络地址为 16384 个(2^{14})。B 类网络地址一般适用于中等规模的网络，其可用地址范围是：128.0.0.1～191.255.255.254。

➤ C 类地址。最高三位用二进制 110 标识，其网络号占用 21 位，可分配的网络地址为 2097152 个(2^{21})。C 类网络地址数量最多，适用于小规模的局域网络，其可用地址范围是：192.0.0.1～223.255.255.254。

虽然 IP 地址可以区别 Internet 中的每一台主机，但这种数字型的地址实在不好记忆。为了解决这个问题，人们设计了用"."分隔的一串英文单词来标识每台主机的方法，这种字符型的地址就是域名地址，简称域名(Domain Name)。域名是用来替代 IP 地址以方便浏览者访问的，因此它具有全球唯一性和全球可访问性的特征。

3．域名的格式

一个完整的域名一般由两个或两个以上部分构成，中间用点号"."分隔开，如 www.sina.com.cn，www.gsysyj.org。域名由字母、数字和连字符组成，不区分大小写，完整的域名总长度不超过 255 个字符。在实际使用中，每个域名长度一般小于 8 个字符。Internet 主机域名的格式为：主机名.组织机构名.网络名.顶级域名。如新浪网的域名为 www.sina.com.cn，它表示主机在中国注册的(cn)，属于营利性商业实体(com)，名字叫新浪(sina)，提供 www 服务(www)。

4．域名的分类

我们常见的域名可分为国际顶级域名、CN 顶级域名和中文域名三类。

(1)国际顶级域名。

国际顶级域名是以"国际通用域"为后缀的域名，不同的后缀代表不同的含义。常见的"国际通用域"有".com"，".biz"表示商业机构，".net"表示网络服务机构，".org"表示非营利机构，".gov"表示政府机构，".edu"表示教育机构，".info"表示信息服务机构，".tv"表示视听电影服务机构，".name"表示用于个人的顶级域名等，随着网络的发展，还将有更多的国际顶级域名产生。表 3-2 就是顶级域名表。

表 3-2　顶级域名表

顶级域名	意义	新增的 7 类顶级域名	
		域名	意义
com	商业组织	biz	商业
edu	教育部门	info	信息服务机构
gov	政府部门	name	个体或个人
mil	军事部门	pro	专业人士
net	网络机构	aero	宇航业
org	非营利组织	coop	合作型企业
int	国际组织	museum	博物馆

（2）CN 顶级域名。

CN 顶级域名通常是以"国际通用域"和"国家域"两部分或直接以"国家域"为后缀的域名。"国家域"是根据 ISO 31660 规范的各个国家或地区都拥有的固定的国家或地区代码，如 cn 代表中国、uk 代表英国等，常见的 CN 顶级域名有".cn"".com"".cn"".net"".cn"".org"".cn"和".gov.cn"等，具体见表 3-3。

表 3-3　部分国家或地区域名代码

代码	国家或地区	代码	国家或地区
cn	中国	jp	日本
fr	法国	sg	新加坡
au	澳大利亚	uk	英国
ca	加拿大	se	瑞典
ch	瑞士	fi	芬兰
us	美国	nl	荷兰
de	德国	no	挪威

（3）中文域名。

中文域名是能用汉字命名的新一代域名，它是中国人自己的域名，使用、记忆非常方便。根据信息产业部《关于中国互联网络域名体系的公告》，中文域名根据顶级域的不同分为以下四种类型：".cn"".中国"".公司"和".网络"。例如，北京大学的中文域名就是"北京大学.cn"或者"北京大学.中国"作为中文形式的域名。用户只需在浏览器地址栏直接输入中文域名，即可访问相应网站。

5. 域名系统

在 Internet 上域名与 IP 地址之间是一一对应的，域名虽然便于人们记忆，但机器之间只能互相认识 IP 地址，因此还需要将域名地址翻译成对应的 IP 地址，这一命名方法及域名地址转换成 IP 地址的翻译系统就构成了域名系统（Domain Name System，DNS）。

3.2　信息安全

信息安全是指信息系统(包括硬件、软件、数据、人、物理环境及其基础设施)受到保护,不受偶然的或者恶意的原因而遭到破坏、更改、泄露,使系统连续可靠正常地运行,信息服务不中断,最终实现业务连续性。

3.2.1　信息安全知识

计算机信息安全问题涉及国家安全、社会公共安全、公民个人安全等领域,与人们的工作、生产和日常生活存在密切的关系。近年来随着计算机技术、网络技术的迅速发展与普及,计算机信息犯罪呈越来越严重的趋势。影响信息系统安全的因素很多,主要有以下几点。

(1)计算机信息系统的使用与管理人员。

计算机信息系统的使用与管理人员包括普通用户、数据库管理员、网络管理员、系统管理员,其中各级管理员对系统安全承担重大的责任。

(2)信息系统的硬件部分。

信息系统的硬件部分包括服务器、网络通信设备、终端设备、通信线路和个人使用的计算机等。保证信息安全的机制有:信息加密、访问控制、数字签名、数据完整性、鉴别交换和公证机制等。

3.2.2　计算机病毒及其防范

在《中华人民共和国计算机信息系统安全保护条例》中明确定义"病毒"为"编制或者在计算机程序中插入的破坏计算机功能或者破坏数据,影响计算机使用并且能够自我复制的一组计算机指令或者程序代码"。

1. 计算机病毒的特点

(1)寄生性。

计算机病毒寄生在其他程序之中,当执行这个程序时,病毒就起破坏作用,而在未启动这个程序之前,它是不易被人发觉的。

(2)传染性。

计算机病毒不但本身具有破坏性,更有害的是具有传染性,一旦病毒被复制或产生变种,其传播速度之快令人难以预防。计算机病毒是一段人为编制的计算机程序代码,这段程序代码一旦进入计算机并得以执行,它就会搜寻其他符合其传染条件的程序或存储介质,确定目标后再将自身代码插入其中,达到自我繁殖的目的。

(3)潜伏性。

一个编制精巧的计算机病毒程序,进入系统之后一般不会马上发作,它可以在几周或者几个月甚至几年内隐藏在合法文件中,对其他系统进行传染,而不被人发现。潜伏性越好,其在系统中的存在时间就会越长,病毒的传染范围就会越大。

(4)隐蔽性。

计算机病毒具有很强的隐蔽性,有的可以通过病毒软件检查出来,有的根本就查不出来,有的时隐时现、变化无常,这些病毒处理起来通常很困难。

(5)破坏性。

计算机中毒后,可能会导致正常的程序无法运行,把计算机内的文件删除或受到不同程度的损坏。通常表现为:增、删、改、移,严重的还会摧毁整个计算机系统。

2. 计算机病毒的传播途径

(1)U 盘。

随着电子科技的发展,如今 U 盘已经取代软盘,成为最常用的交换媒介,在计算机应用中对病毒的传播发挥了巨大的作用,通过使用 U 盘对许多执行文件进行相互拷贝、安装,这样病毒就能通过 U 盘传播文件型病毒;另外,在 U 盘列目录或引导机器时,引导区病毒会在 U 盘与硬盘引导区互相感染。因此 U 盘也成了计算机病毒的主要寄生"温床"。

(2)光盘。

光盘因为容量大,常存储大量的可执行文件,因而病毒就有可能藏身于光盘,对只读式光盘,不能进行写操作,因此光盘上的病毒不能清除。以谋利为目的非法盗版软件的制作过程,不可能为病毒防护担负专门责任,也绝不会有真正可靠可行的技术保障避免病毒的传入、传染、流行和扩散。当前,盗版光盘的泛滥给病毒的传播带来了极大的便利。

(3)硬盘。

由于带病毒的硬盘在本地或移到其他地方使用、维修等,将干净的 U 盘等传染并再扩散。

(4)电子布告栏(BBS)。

BBS 因为上站容易、投资少,因此深受大众用户的喜爱。BBS 是由计算机爱好者自发组织的通信站点,用户可以在 BBS 上进行文件交换(包括自由软件、游戏、自编程序)。由于 BBS 一般没有严格的安全管理,亦无任何限制,这样就给一些病毒程序编写者提供了传播病毒的场所。各城市 BBS 站间通过中心站间进行传送,传播面较广。随着 BBS 在国内的普及,给病毒的传播又增加了新的介质。

(5)网络。

现代通信技术的巨大进步已使空间距离不再遥远,数据、文件、电子邮件可以方便地在各个网络工作站间通过电缆、光纤或电话线路进行传送,工作站的距离可以短至并排摆放的计算机,也可以长达上万千米,正所谓"相隔天涯,如在咫尺",但也为计算机病毒的传播提供了新的"高速公路"。计算机病毒可以附着在正常文件中,当您从网络另一端得到一个被感染的程序,并在您的计算机上未加任何防护措施的情况下运行它,病毒就传染开来了。这种病毒的传染方式在计算机网络连接很普及的国家是很常见的,国内计算机感染一种"进口"病毒已不再是什么大惊小怪的事了。在我们信息国际化的同时,病毒也在国际化,大量的国外病毒随着互联网网络传入国内。

技巧点拨

常用的杀毒软件：

早期常用的杀毒软件主要以瑞星杀毒软件为主，如今大多数个人电脑一般使用 360 杀毒软件或者金山杀毒软件。

3. 计算机病毒的预防

(1)建立良好的安全习惯。

对一些来历不明的邮件及附件不要打开，不要上一些不太了解的网站，不要执行从 Internet 下载后未经杀毒处理的软件等，不随便使用外来 U 盘或其他介质，对外来 U 盘或其他介质必须先检查后使用。

(2)关闭或删除系统中不需要的服务。

在默认情况下，许多操作系统会安装一些辅助服务，如 FTP 客户端、Telnet 和 Web 服务器。这些服务为攻击者提供了方便，而又对用户没有太大用处，如果删除它们，就能大大减少被攻击的可能性。

(3)经常升级安全补丁。

据统计，有 80％的网络病毒是通过系统安全漏洞进行传播的，像蠕虫王、冲击波、震荡波等，所以我们应该定期到微软网站去下载最新的安全补丁，以防患未然。

(4)迅速隔离受感染的计算机。

当您的计算机发现病毒或异常时应立刻断网，以防止计算机受到更多的感染，或者成为传播源，再次感染其他计算机。

(5)安装专业的杀毒软件进行全面监控。

在病毒日益增多的今天，使用杀毒软件进行防毒，是越来越经济的选择，不过用户在安装了反病毒软件之后，应该经常进行升级、将一些主要监控经常打开(如邮件监控)、内存监控、遇到问题要上报及时等，这样才能真正保障计算机的安全。

实战演练

一、选择题

1. 目前世界上最大的计算机互联网络是(　　)。

   A. ARPA 网　　　　　　B. IBM 网　　　　C. Internet　　　　D. Intranet

2. 计算机网络的目标是实现(　　)。

   A. 数据处理　　　　　　　　　　B. 信息传输与数据处理

   C. 文献查询　　　　　　　　　　D. 资源共享与信息传输

3. 计算机网络最突出的优点是（　　　）。

    A. 运算速度快　　　　　　　　　　　　B. 运算精度高

    C. 存储容量大　　　　　　　　　　　　D. 资源共享

4. 在 OSI 参考模型的分层结构中，"会话层"属于第几层？（　　　）

    A. 1　　　　　　　B. 3　　　　　　　C. 5　　　　　　　D. 7

5. 局域网的网络软件主要包括（　　　）。

    A. 服务器操作系统,网络数据库管理系统和网络应用软件

    B. 网络操作系统,网络数据库管理系统和网络应用软件

    C. 网络传输协议和网络应用软件

    D. 工作站软件和网络数据库管理系统

6. 下列操作系统中,（　　　）不是网络操作系统。

    A. OS/2　　　　　　B. DOS　　　　　　C. Netware　　　　D. Windows NT

7. 拥有计算机并以拨号方式接入网络的用户需要使用（　　　）。

    A. CD-ROM　　　　　B. 鼠标　　　　　　C. 电话机　　　　　D. Modem

8. 下列四项中,合法的 IP 地址是（　　　）。

    A. 210.45.233　　　　　　　　　　　　B. 202.38.64.4

    C. 101.3.305.77　　　　　　　　　　　D. 115,123,20,245

9. 下列四项中,合法的电子邮件地址是（　　　）。

    A. Zhou-em.hxing.com.cn　　　　　　　B. Em.hxing.com,cn-zhou

    C. Em.hxing.com.cn@zhou　　　　　　　D. zhou@em.hxing.com.cn

10. 以下单词代表远程登录的是（　　　）。

    A. WWW　　　　　　B. FTP　　　　　　C. Gopher　　　　　D. Telnet

二、填空题

1. 计算机病毒的传播途径有（　　　　）、（　　　　）、（　　　　）、（　　　　）和（　　　　）。

2. 计算机网络的通信传输介质中速度最快的是（　　　　）。

3. 计算机网络最显著的特征是（　　　　）。

4. 星状拓扑结构是以（　　　　）为中心机,把若干外围的节点机连接而成的网络。

三、简答题

1. 简述什么是信息安全。

2. 什么是计算机网络的"拓扑结构"？常见的拓扑结构有哪几种？

3. 在 Internet 中,IP 地址和域名的作用是什么？它们之间有什么异同？

4. 如果感染了计算机病毒应该怎么办？

项目4 多媒体技术基础

4.1 多媒体技术概述

4.1.1 多媒体的基本概念

近年来,"多媒体"一词伴随着计算机的发展和应用正成为众所周知的时髦名词。多媒体是计算机将文字处理、图形图像技术、声音技术等与影视处理技术相结合的产物。

1. 媒体

媒体(Medium)是信息表示、传递和存储的载体。其在计算机行业里有两种含义:其一是指传播信息的载体,如语言、文本、图像、视频、音频等;其二是指存储信息的载体,如ROM、RAM、磁带、磁盘、光盘等。目前主要的载体有CD-ROM、VCD、网页等。多媒体是近几年出现的新生事物,它正在飞速发展和不断完善。

国际电话电报咨询委员会CCITT(Consultative Committee on International Telephoneand Telegraph,国际电信联盟ITU的一个分会)把媒体分成以下五类。

(1)感觉媒体(Perception Medium)。

感觉媒体是指直接作用于人的感觉器官,使人产生直接感觉的媒体,如引起听觉反应的声音、引起视觉反应的图像等。

(2)表示媒体(Representation Medium)。

表示媒体指传输感觉媒体的中介媒体,即用于数据交换的编码,如图像编码(JPEG、MPEG等)、文本编码(ASCII码、GB2312等)和声音编码等。

(3)表现媒体(Presentation Medium)。

表现媒体是指进行信息输入和输出的媒体。例如,键盘、鼠标、扫描仪、话筒、摄像机等为输入媒体;显示器、打印机、音响等为输出媒体。

(4)存储媒体(Storage Medium)。

存储媒体是指用于存储表示媒体的物理介质,如硬盘、软盘、磁盘、光盘、ROM及RAM等。

(5)传输媒体(Transmission Medium)。

传输媒体是指传输表示媒体的物理介质,如电缆、光缆等。人们通常所说的"媒体"(Media)包括其中的两层含义:一是指信息的物理载体(即存储和传递信息的实体),如书本、挂图、磁盘、光盘、磁带以及相关的播放设备等;二是指信息的表现形式(或者说传播形式),如文字、声音、图像、动画等。多媒体计算机中所说的媒体,是指后者而言,即计算机不仅能处理文字、数值之类的信息,而且还能处理声音、图形、电视图像等各种不同形式的信息。

2. 多媒体

多媒体技术是指能同时捕捉、处理、编辑和展示多种媒体信息,实现人—机交互的技术,其核心是利用计算机中的数字化技术和交互式处理能力,综合处理文字、声音、图像、图形等信息。将文字、声音、图像、视频等多种媒体的系统与计算机系统集成而形成的系统称为多媒体系统,由计算机系统对多媒体信息进行输入、存储、加工和输出处理等。

4.1.2　多媒体技术的特点

(1)集成性。

集成性是指将不同的媒体信息合理、协调地结合在一起,形成一个完整的整体。在过去,计算机中的信息往往是孤立存在的,在加工处理时,很少会出现互相之间关联的情况。但是,对于多媒体信息而言,不同媒体之间可能存在着某种紧密的联系。实际上,多媒体技术研究的集成性还包括计算机硬件设备的集成和软件系统的集成。

(2)数字化。

无论是文本、图形、图像,还是声音、视频,各种媒体都是以数字化的形式在计算机中存储和处理的。因此,在输入声音、视频等各种待处理的媒体时,需要通过模拟/数字转换的方法,将它们转换为计算机能够接受的数字形式;而在输出时,则需要再转换成能为人们所接受的各种形式。

(3)交互性。

交互性是指人可以介入各种媒体加工、处理的过程中,从而使用户更有效地控制和应用各种媒体信息。

(4)多样性。

多样性是指媒体种类的多样性,如最简单的文本信息,与空间有关的图形、图像,与时间有关的音频信息,与时间有关的视频信息等。

(5)实时性。

音频和视频都是与时间有关的媒体。在加工、存储和播放它们时,需要考虑时间特性。例如,在播放音频文件时,一定要保证声音的连续性。这就对存取数据的速度、解压缩的速度以及最后播放的速度提出了很高的要求,这就是媒体的实时性。对于具有时间要求的媒体,如果不能保证播放时的连续性,就没有任何应用价值。

(6)超媒体结构。

多媒体信息的组织形式是以超文本的结构形式存在的。所谓超文本结构,就是信息的组织方式不像书本那样一页页按顺序安排的,而是以信息内容本身所具有的互相联系的特性进行组织的。Windows 中的帮助信息就是以超文本形式组织的,而因特网上的信息也是以这种方式组织的。如果以超文本形式组织的信息包含图形、图像、声音、视频等多媒体信息,便将这种信息的组织结构称为超媒体结构。

4.1.3　多媒体信息的类型

多媒体中的媒体元素是由多媒体应用中可传达信息给用户的媒体组成的。目前主要包含文本、超文本、图形、图像、声音、动画和视频图像等媒体元素,下面将对各种媒体元素进行一些简单介绍。

1. 文本(Text)

文本是以文字和各种专用符号表达的信息形式,它是现实生活中使用得最多的一种信息存储和传递方式。用文本表达信息给人充分的想象空间,它主要用于对知识的描述性表示,如阐述概念、定义、原理和问题以及显示标题、菜单等内容。

2. 超文本

1965 年,Ted Nelson 在计算机上处理文本文件时想到了一种把文本中遇到的相关文本组织在一起的方法,让计算机能够响应人的思维以及能够方便地获取所需要的信息。他为这种方法杜撰了一个词,称为超文本(Hypertext)。实际上,这个词的真正含义是"链接"的意思,用来描述计算机中文件的组织方法,后来人们把用这种方法组织的文本称为"超文本"。超文本是一种文本,它和书本上的文本是一样的。但与传统的文本文件相比,它们之间的主要差别是,传统文本是以线性方式组织的,而超文本是以非线性方式组织的。这里的"非线性"是指文本中遇到的一些相关内容通过链接组织在一起,用户可以很方便地浏览这些相关内容。这种文本的组织方式与人们的思维方式和工作方式比较接近。

3. 图形和图像

图形是指点、线、面到三维空间的黑白或彩色几何图;图像是由像素点阵组成的画面。图像是多媒体软件中最重要的信息表现形式之一,它是决定一个多媒体软件视觉效果的关键因素。

4. 动画

动画是利用人的视觉暂留特性,快速播放一系列连续运动变化的图形图像,也包括画面的缩放、旋转、变换、淡入淡出等特殊效果。通过动画可以把抽象的内容形象化,使许多难以理解的教学内容变得生动有趣。合理使用动画可以达到事半功倍的效果。

5. 声音

声音是人们用来传递信息、交流感情最方便、最熟悉的方式之一。在多媒体课件中,按其表达形式,可将声音分为讲解、音乐、效果三类。

6. 视频影像

视频影像具有时序性与丰富的信息内涵,常用于交代事物的发展过程。视频非常类似于我们熟知的电影和电视,有声有色,在多媒体中充当了重要的角色。

4.2　音频

4.2.1　模拟音频和数字音频

(1)模拟音频的记录就是通过唱片(LP)表面的跌宕起伏(当然细小到肉眼很难看见,而且并非是表面纹路形成的沟痕的底部,因为底部容易积灰——事实上这些跌宕起伏是存在于纹路的两侧)或者是磁带上的磁粉引起的磁场强度来表示音箱上振膜的即时位置。比如说,当唱片表面在某一时刻比前一时刻的纹路呈下降趋势时,音箱上的振膜就会向里收缩;如果呈上升趋势,音箱上的振膜就会向外舒张。传统的信号都是以模拟手段进行处理的,称为模拟信号处理。模拟音频信号处理有很多弊端,如抗干扰能力很差,容易受机械振动、模拟电路的影响而失真,远距离传输受环境影响较大等。

(2)数字音频信号是多媒体技术经常采用的一种形式,它的主要表现形式是语音、自然声和音乐。通过这些媒介,能够有力地烘托主题的气氛,尤其在自学型多媒体系统和多媒体广告、视频特技等领域,数字音频信号显得更加重要。数字音频信号的处理主要表现在数据采样和编辑加工两个方面。其中,数字采样的作用是把自然声转换成计算机能够处理的数字音频信号;对数字音频信号的编辑加工则主要表现在剪辑、合成、静音、增加混响、调整频率等方面。数字信号是以数字化形式对模拟信号进行处理,它在时间和幅度上都是离散的。

(3)模/数转换(A/D)转换过程包括三个阶段,把模拟的电信号变为数字电信号这一过程称为模拟信号数字化,即模/数转换。模/数转换通常采用 PCM(脉冲编码调制)技术来实现。模/数转换过程包括三个阶段,即采样、量化、编码。

①采样。采样也叫取样,是指将时间轴上连续的信号每隔一定的时间间隔抽取出一个信号的幅度样本,把连续的模拟量用一个个离散的点来表示,使其成为时间上离散的脉冲序列。奈奎斯特采样定理:要想采样后能够不失真地恢复出原信号,则采样频率必须大于信号最高频率的两倍,即 $f_s > 2f_m$,式中,f_s 表示采样频率,f_m 为原信号频率。

②量化。所谓量化,就是度量采样后离散信号幅度的过程,度量结果用二进制数来表示。量化精度就是度量时分级的多少。

③编码。抽样、量化后的信号还不是数字信号,需要把它转换成数字编码脉冲,这一过程称为编码。声音的三个要素(响度、音调、音色)可以由传声器转变成相应的电流的三个特性(幅度、频率、波形)。

4.2.2　声音的获取

声音(Sound)是文字、图形之外表达信息的另一种有效方式。从物理学角度来认识,因空气振动而被人们耳朵所感知的就是声音。通常,声音是用一种连续的随时间变化的波形表示的,该波形表示了空气的振动,如图 4-1 所示。

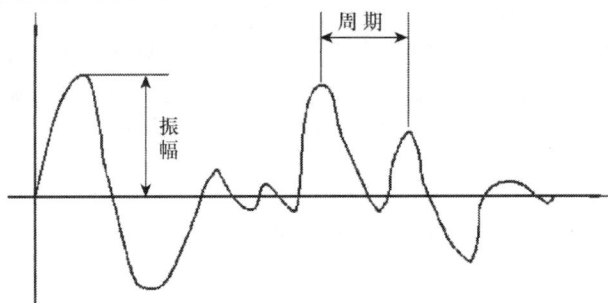

图 4-1　声音的波形表示

从图 4—1 中可以看出,波形的最高点或最低点与基线(时间轴)之间的距离称为该波形的"振幅"。振幅表示声音的音量。波形中两个连续波峰间的距离称为"周期",波形的"频率"是 1 秒钟内所出现的周期数目,单位是赫兹(Hz)。声音按其频率的不同可分为次声、可听声和超声三种。次声的频率低于 20Hz,它是一种人耳听不见的声波。可听声的频率为 20 ～ 20 000Hz,这是人耳可感受的声波。超声的振动频率高于 20 000Hz,它是一种人耳听不见的声波。多媒体计算机中处理的声音信息主要是指可听声,所以也叫音频信息(Audio)。声音信息的计算机获取过程主要是进行数字化处理,因为只有数字化以后声音信息才能像文字、图形信息那样进行存储、检索、编辑和各种处理。要使用计算机对音频信息进行处理,就要将模拟信号(如语音、音乐等)转化为数字信号,这一过程称为模拟音频的数字化。模拟音频的数字化过程涉及音频信号的采样、量化和编码。声音信息的数字化如图 4-2 所示。

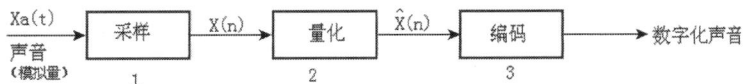

图 4-2　声音信息的数字化

(1)采样。

采样指的是以固定时间间隔对波形的值进行抽取。如果以 $Xa(t)$ 表示声音的连续波形,则采样后得到的是一个离散的序列 $X(n)$。如果以 t 作为时间间隔(称为采样周期),则采样后得到的声音信号序列为:

$$X(n) = Xa(nt)\ n = 1, 2, \cdots$$

序列中的每一个信号,称为样本。采样后得到的样本,其数值仍然是模拟量。采样过程最重要的参数是采样频率。采样频率越高,声音保真度越好,但要求的数据存储量也就越大。理论研究表明,采样频率为声音信号的最高频谱分量的两倍时,即可不失真地还原原始声音信号;若超过此采样频率,则就包含某些冗余信息;若低于此频率,则产生失真。实验表明,使用 8kHz 采样频率时,人们讲话所产生的语言信号的处理已可以基本满足要求了。多媒体计算机在声音信号获取时,采样频率通常可以有三种选择,它们分别是:44.1kHz、22.05kHz 和 11.025kHz。

（2）量化。

量化是将每个采样点得到的幅度值以数字存储。量化位数（即采样的精度）表示存放采样点振幅值的二进制位数，它决定了模拟信号数字化以后的动态范围。通常，量化位数有 8 位、16 位，分别表示有 28 个、216 个等级。量化位数越多，声音的质量越高，而需要的存储空间也越大。

（3）编码。

编码是将采样和量化后的数字数据以一定的格式记录下来。编码的方式很多，常用的编码方式是脉冲编码调制，其主要特点是抗干扰能力强、失真小、传输特性稳定。

4.3 数字图像和计算机动画

4.3.1 图像的表示方法与压缩编码

多媒体与纯文字的情况不同。多媒体有极大的数据量并要求媒体之间高度协调（声、像完全同步）。因此，对多媒体的处理和在网络上的传输在技术上是比较复杂的。多媒体技术就是指多媒体信息的输入、输出、压缩存储和各种信息处理方法，多媒体数据库管理、多媒体网络传输等对多媒体进行加工处理的技术。

1. 数据压缩技术

（1）数据压缩分为无损压缩和有损压缩两种。

①无损压缩。无损压缩用于要求重构的信号与原始信号完全相同的场合。一个常见的例子是磁盘文件的压缩存储，要求解压缩后不能有任何差错。根据目前的技术水平，无损压缩可以把数据压缩到原来的 $1/2 \sim 1/4$。一些常用的无损压缩算法有哈夫曼算法和 LZW 压缩算法。

②有损压缩。有损压缩适用于重构信号不一定非要与原始信号完全相同的场合。其做法是在采样过程中设置一个门限值，只取过门限的数据，即以丢失部分信息达到压缩目的。

（2）数据压缩方法的评价。

①压缩比要大。

②压缩算法要简单。也就是压缩、解压缩的速度要快，最好能实时压缩、解压缩。

③还原效果要好，尽可能恢复原始图像。

（3）主要的图像压缩标准。

①JPEG（Joint Photographic Experts Group）。JPEG 是由国际标准化组织（ISO）和国际电报电话咨询委员会（CCITT）联合组织专家制定的"静态图像压缩标准"。

②MPEG（Moving Picture Experts Group）。MPEG 也是由 ISO 和 CCITT 联合组织专家制定的"动态图像和伴音"的编码标准。MPEG 将最大数据传输率（Mbps）作为标准之一，其意思是：一秒钟内的图像和伴音信息，压缩后的数据量应小于可传输的最大数据量，否

则做不到实时传送。MPEG 共四个版本：MPEG-1 具有较低的数据传输率和中等分辨率，被广泛用于 VCD 光盘中；MPEG-2 被广泛应用于 DVD 中；MPEG-4 是一种数据传输率很低的标准，主要适用于低速网中；MPEG-7 的正式名称是"多媒体内容相联系"，主要目标则是支持多媒体信息基于内容的检索。

2. 大容量光盘存储技术

（1）光盘的存储原理。

光盘的存储原理很简单，在螺旋形的光道上，刻上代表"0"和"1"的一些凹坑；读取数据时，用激光照射旋转着的光盘片，从凹坑和非凹坑处得到的反射光强弱是不同的，根据这样的差别可以判断出存储的是"0"还是"1"。

（2）常用的光盘标准。

①CD-ROM 光盘。

②VCD 光盘。VCD 光盘可存储 70min 的 MPEG-1 影视节目。对于数据量更大的高质量 MPEG-2 节目和时间更长的节目，VCD 仍然不能满足需要。

③DVD 光盘。数字视频/多用途光盘（Digital Video/Versatile Disk，DVD）采用与普通 CD 相类似的制作方法但具有更密的数据轨道、更小的凹坑和较短波长的红激光器，使 DVD 的存储容量有很大的提高，单面单层的存储容量可达 4.7GB，单面双层的容量可达8.5GB，双面双层的存储容量可达 17GB（相当于 25 片 CD）。

④可擦写光盘 CD-RW（CD-ReWritable）和一次写光盘 CD-WO（CD-Write Once）。CD-ROM 光盘、VCD 光盘和 DVD 光盘都是只读式光盘，也就是说，信息一旦写入上述光盘之中，就不能对其进行修改，光盘只能一次性使用。

3. 多媒体网络技术

多媒体通信网络要解决两个主要问题。

（1）网络带宽问题，也就是"信息公路"的宽度问题。

由于多媒体数据量十分庞大，它要求网络有极高的传输速率，才能胜任多媒体数据的传输。

（2）多媒体数据的同步问题。

多媒体信息中，声像同步、实时播放是很基本的应用要求，人们难以忍受声音和画面反复停顿和声音与画面不同步的情况发生。随着计算机网络技术和通信技术的发展，出现了一些比较适合于传输多媒体数据的网络体系结构，如环形网络等。

4. 多媒体数据库技术

开发面向对象的多媒体数据库是多媒体数据管理的发展方向。

4.3.2 数字图像处理与应用

多媒体技术应用十分广泛，它不仅覆盖了计算机的绝大部分应用领域，同时又开拓了新的应用范围。多媒体技术的最终产品不是机器设备，而是多媒体应用软件产品。在多媒体节目中包含了文本、图像、声音、动画、影视等视听媒体。下面对多媒体技术的应用从几个方面进行扼要介绍。

1．教育方面

多媒体在教育中的应用是多媒体最重要的应用之一，也有非常巨大的市场。多媒体教学主要包括多媒体计算机辅助教学(CAI)和远程交互式视像教学。计算机、多媒体和网络的引入，使得以往必须在同一时间、同一地点、被动式的学习，变为可以自选时间、远程学习，而且是主动式的学习，有效地提高了人们的主观能动性，使"虚拟学校"和"全球学校"的建立成为可能。

2．出版图书方面

多媒体技术的发展，给电子出版注入了新的活力，使丰富多彩的电子出版物迅速发展起来。国家新闻出版署对电子出版物定义为"以数字代码方式将图、文、声、像等信息存储在磁、光、电介质上，通过计算机或类似设备阅读使用，并可复制发行的大众传播媒体"。以光盘为代表的电子出版物占出版物的比例较高，内容涉及教育、娱乐、文化、艺术等方面。

3．商业方面

多媒体技术用于销售与市场，使得客户不仅能通过多媒体的光盘，还可以通过网络联机方式，对公司的产品和服务信息、产品开发进度、产品演示以及实时更新的多媒体目录进行交互式访问。

4．娱乐与家用

(1) 可视电话。

人们都期望能在讲电话的同时，看到远在千里的亲朋好友的形象。现在，这在高速的计算机网络上已经得到了实现，这完全要归于多媒体技术的发展。不久的将来，即可在低速网络上实现。

(2) 视频点播。

视频点播又称 VOD(Video on Demand)，它包括音乐点播，都是能按照用户的意愿，从数字化的影像和音乐资料库里任意点播自己所希望播放的视像和音乐节目。

(3) 网上购物。

到市场购物，往往要花费人们大量时间，网上购物就是在多媒体计算机网络上，能快速地找到自己所要的物品，经过对物品用多媒体方式表现的信息详细研究决定购买后，就输入信用证号把物品买下，送货人员就很快把它送到你的手中。

5．通信方面

多媒体通信技术使计算机的交互性、通信的分布性和电视的真实性融为一体，形成了许多新的应用领域，如可视电话、视频会议、视频点播、电子商务、远程教学、远程医疗等。

6．医疗系统

现代先进医疗诊断技术的共同特点是借助于计算机技术，对医疗影像进行数字化和重建处理。

4.3.3　计算机动画的原理

所谓动画，就是利用人眼的视觉滞留的特性，快速将一系列静止状态的图片连续播放，使人眼产生连续活动的视觉效果。在动画专业术语中,把一个静止的画面称为一帧,按标准一般以每秒 24 帧的速度播放。计算机动画的制作过程,就是利用计算机动画制作软件及各种工具,通过交互式操作(不需要用户编程)来实现计算机的动画功能。动画就是创建物体或形状的运动效果或者随时间改变效果的过程。动画可以使对象从一个地方运动到另一个地方,也可以使对象颜色随时间变化,还可以使一个形状向另一个形状改变。使用计算机制作动画不需要像传统动画那样绘制成大量的画片,只要在几个关键帧上设置好物体或形状的颜色、位置、角度等,计算机动画制作软件会自动运算生成中间的变化过程,即自动生成中间帧,这样做可以节约制作人员大量的时间和精力,大大提高了制作动画的效率。

4.3.4　计算机动画的分类

(1)按动画性质分,计算机动画可分两大类:一类是帧动画;另一类是矢量动画。

①所谓帧动画,是指构成动画的基本单位是帧,很多帧组成一部动画片。帧动画借鉴传统动画的概念,每帧的内容不同,当连续演播时,形成动画视觉效果。制作帧动画的工作量非常大,计算机特有的自动动画功能只能解决移动、旋转等基本动作过程,不能解决关键帧问题。帧动画主要用在传统动画片的制作、广告片的制作以及电影特技的制作等方面。

②矢量动画是经过计算机计算而生成的动画,其画面只有一帧,主要表现变换的图形、线条、文字和图案。矢量动画通常采用编程方式和某些矢量动画制作软件来完成。

(2)如果按照动画的表现形式分类,则可分为二维动画、三维动画和变形动画三大类。

①二维动画又叫平面动画,是帧动画的一种。它沿用传统动画的概念,具有灵活的表现手段、强烈的表现力和良好的视觉效果。

②三维动画又叫空间动画,它可以是帧动画,也可以制作成矢量动画,主要表现三维物体和空间运动。它的后期加工和制作往往采用三维动画软件完成。

③变形动画也是帧动画的一种,它具有把物体形态过渡到另外一种形态的特点。形态的变换或颜色的变换都经过复杂的计算,形成引人入胜的视觉效果。变形动画主要用于影视人物、场景变换、特技处理、描述某个缓慢变化的过程等场合。

(3)按照计算机软件在动画制作中的作用分类,计算机动画有电脑辅助动画和造型动画两种。计算机辅助动画属于二维动画,其主要用途是辅助动画师制作传统动画;而造型动画则属于三维动画。

4.3.5　计算机动画的常用格式与制作工具

1. 计算机动画的常用格式

电脑动画现在应用得比较广泛,由于应用领域不同,其动画文件也存在着不同类型的存储格式,如 3DS 是 DOS 系统平台下 3D Studio 的文件格式,GIF 和 SWF 则是我们最常用到的动画文件格式,下面我们来看看目前应用最广泛的几种动画格式。

(1)GIF 动画格式。

GIF 图像由于采用了无损数据压缩方法中压缩率较高的 LZW 算法,文件尺寸较小,因此被广泛采用。GIF 动画格式可以同时存储若干幅静止图像并进而形成连续的动画,目前,Internet 上大量采用的彩色动画文件多为这种格式。很多图像浏览器如豪杰大眼睛等都可以直接观看此类动画文件。

(2)FLIC FLI/FLC 格式。

FLIC 是 Autodesk 公司在其出品的 Autodesk Animator/ Animator Pro/3D Studio 等 2D/3D 动画制作软件中采用的彩色动画文件格式,FLIC 是 FLC 和 FLI 的统称,其中,FLI 是最初基于 320×200 像素的动画文件格式,而 FLC 则是 FLI 的扩展格式,采用了更高效的数据压缩技术,其分辨率也不再局限于 320×200 像素。FLIC 文件采用行程编码(RLE)算法和 Delta 算法进行无损数据压缩,首先压缩并保存整个动画序列中的第一幅图像,然后逐帧计算前后两幅相邻图像的差异或改变部分,并对这部分数据进行 RLE 压缩,由于动画序列中前后相邻图像的差别通常不大,因此可以得到相当高的数据压缩率,它被广泛用于动画图形中的动画序列、计算机辅助设计和计算机游戏应用程序。

(3)SWF 格式。

SWF 是 Micromedia 公司的产品 Flash 的矢量动画格式,它采用曲线方程描述其内容,不是由点阵组成内容,因此这种格式的动画在缩放时不会失真,非常适合描述由几何图形组成的动画,如教学演示等。由于这种格式的动画可以与 HTML 文件充分结合,并能添加 MP3 音乐,因此被广泛地应用于网页上,成为一种"准"流式媒体文件。

(4)AVI 格式。

AVI 是对视频、音频文件采用的一种有损压缩方式,该方式的压缩率较高,并可将音频和视频混合到一起,因此尽管画面质量不是太好,但其应用范围仍然非常广泛。AVI 文件目前主要应用在多媒体光盘上,用来保存电影、电视等各种影像信息,有时也出现在 Internet 上,供用户下载、欣赏新影片的精彩片段。

(5)3D Studio。

在众多的动画制作软件中,3D Studio 以其友好方便的界面、细腻的画面、出色的渲染等特色,为用户提供了具有专业水准的三维动画制作软件。3D Studio 广泛应用于影视节目、广告制作、教学模拟演示以及多媒体应用系统开发等方面。

2. 常见的动画制作工具

根据制作动画的领域不同,动画制作软件分为两大类:制作二维动画的工具,如 Flash 等;制作三维动画的工具,如 3D Studio MAX、Maya 等。

(1)Flash。

Flash 是美国 Macromedia 公司出品的矢量动画制作专业软件,主要应用于网页设计、多媒体创作等领域,具有很强的动画编辑能力,具有以下特点。

①矢量动画。由于 Flash 采用了矢量技术,因此具有文件质量高、尺寸小的特点。不论放大多少倍,仍然不会损失清晰度。

②采用"流"技术播放。Flash 动画是边下载边演示，如果速度控制得好，网站访问者几乎感觉不到文件还没完全下载。

③交互按钮。在 Flash 中可以方便地加入按钮来控制页面的跳转、与其他页面的链接或触发一系列事件，具有很强的交互性，大大丰富了网页的表现手段。

④支持同步音效。由于 Flash 支持交互操作和音效，并且色彩深度最高支持 256 色，表现力要高于不支持交互和音效的 GIF 与 java 动画。

⑤易学易用。

（2）3D Studio MAX。

3D Studio MAX 是 AutoDesk 公司的产品，它是运行在 PC 机的三维动画和建模软件，一般主要用于游戏以及建筑行业的效果图和制作漫游动画，具有精彩的图形输出质量、快速的运算速度、任意的动画模型和广泛的特殊效果，还包括丰富友善的开发环境、独特直观的建模和动画功能以及高速的图像生成能力。

（3）Maya。

Maya 是 Alias 公司的产品，主要应用于电影特效等高端影视动画制作。Maya 不仅包括一般三维和视觉效果制作的功能，而且结合了先进的建模、数字化布料模拟、毛发渲染和运动匹配技术。

3. Linux 下的动画制作工具

（1）Maya。

Maya 不但提供基于 Windows 平台的动画制作工具，也有运行于 Linux 下的版本，功能和界面与 Windows 下的版本类似。

（2）Houdini。

Houdini 是一个特效方面非常强大的软件。它除了具备常用的三维动画制作功能外，还将三维动画同非线性编辑结合在一起，满足了动画制作和编辑这两种功能。

实战演练

一、选择题

1. 下列文件类型哪一种不属于音频文件？（　　　）

　　A. WAV　　　　　B. MID　　　　　C. MP3　　　　　D. JPEG

2. 下列哪种图片格式支持透明？（　　　）

　　A. BMP　　　　　B. PNG　　　　　C. JPEG　　　　　D. EXIF

3. Flash 源程序文件的默认扩展名是（　　　）。

　　A. FLV　　　　　B. RM　　　　　C. SWF　　　　　D. FLA

4. Flash 有两种动画，即逐帧动画和补间动画，而补间动画又可分为（　　　）。

　　A. 运动动画、引导动画　　　　　　　B. 运动动画、形状动画

　　C. 遮罩动画、引导动画　　　　　　　D. 遮罩动画、形状动画

5. 以下哪种是 Windows 的通用声音格式?(　　)

    A. WAV　　　　　B. MP3　　　　　C. BMP　　　　　D. CAD

二、填空题

1. 按照国际电话电报咨询委员会的标准,媒体分为(　　　　)、(　　　　)、(　　　　)、(　　　　)、(　　　　)五类。

2. 多媒体主要特征有(　　　　)、(　　　　)、(　　　　)、(　　　　)、(　　　　)。

3. 音频数字化过程主要包括(　　　　)、(　　　　)、(　　　　)三个步骤。

4. 影响数字音频质量的因素分别是(　　　　)、(　　　　)、(　　　　)。

5. 影响图像数字化质量的因素是(　　　　)、(　　　　)。

第二部分　实践操作任务

项目 5　Windows 7 的基础操作

操作系统软件是计算机最为重要的灵魂,计算机所有的硬件和软件的使用都要通过操作系统软件才能实现,所以掌握计算机系统的基本操作显得尤为重要。Windows 7 操作系统是当前使用最广泛的个人计算机操作系统,本项目我们就开始学习 Windows 7 的基本操作。

任务一　Windows 7 的图形界面——电脑个性化设置

任务情景

　　张明是一位计算机初学者,他看到别人的电脑在打开后显示的桌面都不一样,各有各的特点和特色,而自己的电脑还是系统最初的桌面,显得有点普通。为彰显出自己的个性,张明通过学习 Windows 7 的图形界面的相关知识,最终完成了自己电脑的个性化设置。

任务目标及效果

　　对电脑进行个性化设置,其中包括桌面背景、任务栏、桌面图标等,使其看上去美观大方且方便实用。如图 5-1 所示。

任务分析

　　1. 对自己桌面的图标进行整理,保留常用的,删除不常用的,并且排列整齐。
　　2. 对电脑的任务栏进行设置,锁定常用程序,并对任务栏显示的内容进行设置。
　　3. 添加喜欢的桌面背景主题。
　　4. 设置喜欢的屏幕保护程序。

图 5-1　个性化设置的桌面

知识链接

1. 认识与操作桌面图标

用户安装好中文版的 Windows 7 并第一次登录系统后，可以看见一个非常简洁的桌面，桌面上显示了 Windows 7 的标志和版本号，在桌面的右下角只有一个回收站的图标，如图 5-2 所示。

图 5-2　Windows 7 初始化桌面

(1)恢复系统默认图标。

当用户想恢复系统默认的图标时，可执行以下操作步骤。

①右击桌面，在弹出的快捷菜单中选择"个性化"命令。

②在打开的"个性化"对话框中选择"更改桌面图标"选项标签。

③在"桌面图标"选项组中选中"计算机""回收站"等复选框,单击"确定"按钮,返回"个性化"对话框。

④单击"应用"按钮,然后关闭该对话框,这时用户就可以看见系统默认的图标了。

（2）创建桌面图标。

桌面上的图标实质上就是打开各种程序和文件的快捷方式,用户可以在桌面上为自己常用的程序或文件创建图标,这样直接在桌面上双击图标便可以快速启动该程序或打开该文件。创建桌面图标的步骤如下。

①右击桌面上的空白处,在弹出的快捷菜单中选择"新建"命令。

②利用"新建"命令下的子菜单,用户可以创建各种形式的图标,如文件夹、快捷方式、文本文档等,如图 5-3 所示。

图 5-3　新建命令操作

③当用户选择了所要创建的选项后,桌面上就会出现相应的图标,用户可以为它命名,以便于识别。例如,当用户选择了"快捷方式"命令后,会出现"创建快捷方式"向导,如图 5-4 所示。该向导会帮助用户创建本地或网络程序、文件、文件夹、计算机或 Internet 地址的快捷方式,用户可以手动键入项目的位置,也可以单击"浏览"按钮,在打开的"浏览文件夹"窗口中选择快捷方式的目标,确定后,即可在桌面上建立相应的快捷方式。

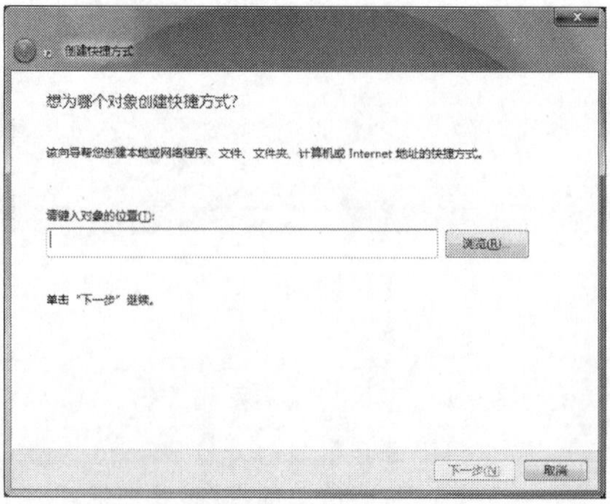

图 5-4　"创建快捷方式"向导

（3）排列图标。

使用"排列图标"命令，可以使用户的桌面看上去整洁、有条理。当用户需要调整桌面上图标的位置时，可在桌面空白处右击，在弹出的快捷菜单中选择"排列方式"命令，出现的子菜单项中包含了多种排列方式选项，如图 5-5 所示。

其中，"名称"是按图标名称开头的字母或拼音顺序排列；"大小"是按图标所代表文件的大小的顺序来排列；"类型"是按图标所代表的文件的类型来排列；"修改时间"是按图标所代表文件的最后一次修改时间来排列。

图 5-5 "排列图标"命令

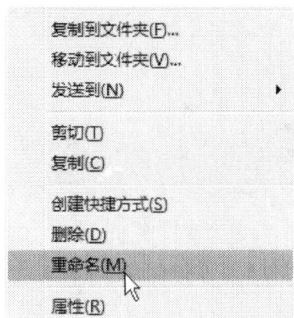

当用户展开"排列方式"子菜单中"名称""大小""项目类型""修改日期"四个选项后，点击任意一个选项即可。

如果用户在"查看"选项中选择了"自动排列"选项，在对图标进行移动后将出现一个选定标志，这时只能在固定的范围内使各图标互换位置，而不能将图标拖动到桌面上的任意位置。

选择"对齐到网格"选项后，调整图标位置时，它们总是成行成列的排列，不能移动到桌面上的任意位置。

（4）为图标重命名与删除图标。

若要给图标重命名，可执行下列操作步骤。

①在该图标上右击鼠标。

②在弹出的快捷菜单中选择"重命名"命令，如图 5-6 所示。

③当图标的文字说明位置呈反色显示时，用户可以输入名称，然后在桌面上任意位置单击，即可完成对图标的重命名。

桌面上的图标失去利用价值时，就需要删除它。同样，应

图 5-6 "重命名"命令

在需要删除的图标上右击，在弹出的快捷菜单中选择"删除"命令。当选择"删除"命令后，系统会出现一个对话框询问用户是否确定要将所选内容删除并移入回收站。用户单击"是"按钮，则删除操作生效，单击"否"按钮或对话框的"关闭"按钮，则此次操作取消。

用户也可以在桌面上选中该图标，然后采用以下两种方式之一删除图标。

方式一：按下"Delete"键（删除后，放入回收站）。

方式二：按下"Shift＋Delete"组合键（彻底从电脑中删除，不会被放入回收站）。

2. 认识与设置任务栏

任务栏主要包括"开始"按钮、快速启动区、语言栏、系统提示区与"显示桌面"按钮等部分。在默认状态下，任务栏位于桌面的最下方。

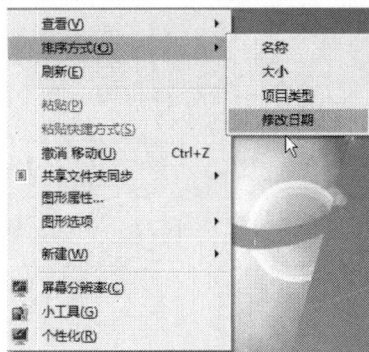

(1)移动任务栏。

首先将鼠标指向任务栏的空白区域后按住鼠标左键不放,然后将其拖拽到指定位置,如图 5-7 所示,任务栏移动到了屏幕的右侧。

图 5-7　移动任务栏效果

技巧点拨

　　如果要改变任务栏的大小和位置,必须在"任务栏[开始]菜单的属性"对话框中将"锁定任务栏"前的"√"去掉。

(2)更改任务栏的大小。

把鼠标定位到任务栏边缘,待鼠标指针变为双向箭头时按住鼠标左键不放并拖拽一定的距离,此时任务栏的大小即可发生变化。

(3)设置任务栏属性。

在任务栏的空白区右击,并在弹出的快捷菜单中执行"属性"命令,然后在打开的"任务栏和'开始'菜单属性"对话框中选择"任务栏"选项卡,如图 5-8 所示。

图 5-8　设置任务栏属性

（4）"开始"菜单的基本操作。

"开始"菜单按钮位于桌面下部,任务栏的左端。单击"开始"菜单按钮,弹出"开始"菜单,如图5-9所示,可用鼠标移动光标在"开始"菜单中选择其中的选项。"开始"菜单集中了用户可能用到的各种操作。例如,程序的快捷方式、"所有程序"菜单和常用的文件夹及系统命令等,使用时只需要单击相应的菜单选项即可。

①"开始"菜单的组成。

"开始"菜单右上方是一个用户自选的小图片,用户可以更改它。

"开始"菜单的中间部分左侧是用户常用的应用程序的快捷启动项。

"开始"菜单的中间部分右侧是系统控制工具菜单区域,比如计算机、Administrator、运行、控制面板、设备和打印机等选项,通过这些菜单项用户可以实现对计算机的操作与管理。

图5-9　"开始"菜单

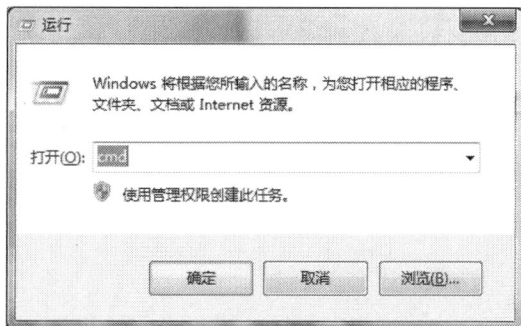

"所有程序"菜单项中显示计算机中安装的全部应用程序。

"开始"菜单的右下方是"关机区域",另外还有"注销"和"切换用户"等操作。"注销"选项可注销用户在系统中的登记,将使该用户在系统中的所有信息都被取消。

②使用"开始"菜单。

用户在启动某应用程序时,可以单击"开始"菜单左侧这一用户常用的应用程序的快捷方式进行启动,也可以单击"开始"按钮,在打开的"开始"菜单中把鼠标指向"所有程序"菜单项,这时会出现"所有程序"的菜单,只要选中"应用程序"单击即可。

③运行命令。

在"开始"菜单中选择"运行"命令,可以打开"运行"对话框,如图5-10所示,利用这个对话框,用户能打开程序、文件夹、文档或者网站。

图5-10　"运行"对话框

④自定义"开始"菜单。

在任务栏的空白处或者在"开始"按钮上右击,然后从弹出的快捷菜单中选择"属性"命令,就可以打开"任务栏和'开始'菜单属性"对话框,在"'开始'菜单"选项标签中,单击"自定义"按钮,打开"自定义'开始'菜单"对话框,如图 5-11 所示,可对"开始"菜单的有关选项进行设置。

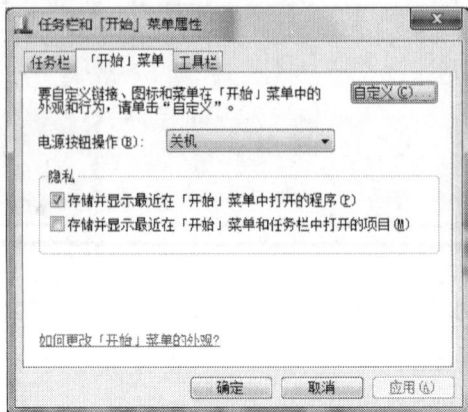

图 5-11 "自定义'开始'菜单"对话框

3. 桌面背景

桌面背景(又称为壁纸)可以是个人收集的图片,也可以是 Windows 7 自带的图片。可以选择一个图片作为桌面背景,也可以选择多张图片以幻灯片的方式显示桌面背景。

用户更改桌面背景的方式如下。

(1)在桌面上右击,在弹出的快捷菜单中执行"个性化"命令,打开"个性化"设置窗口,如图 5-12 所示。

图 5-12 "个性化"设置窗口

在"个性化"设置窗口中单击"桌面背景"按钮,打开"桌面背景"设置窗口,如图 5-13 所示。

图 5-13 "桌面背景"设置窗口

(2)在"桌面背景"设置窗口中单击"预览"按钮,打开"浏览文件夹"窗口,选择图片,单击"确定"按钮,如图 5-14 所示。

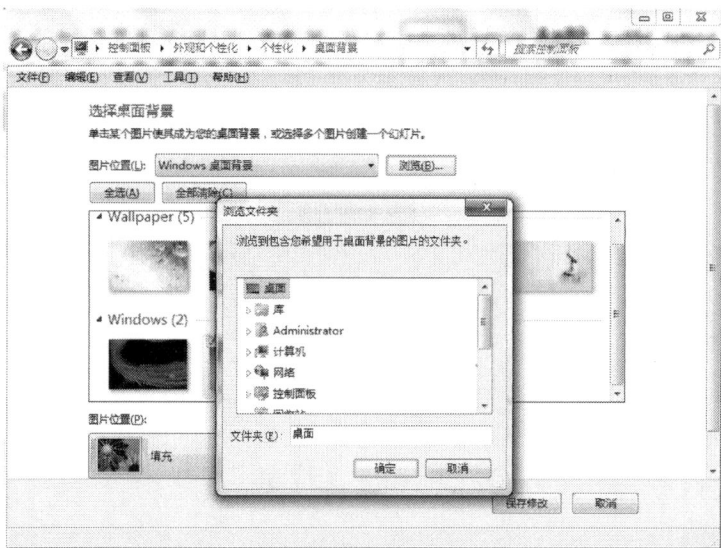

图 5-14 选择桌面背景图片

(3)选择图片后单击"保存修改"按钮,完成桌面背景的设置。

4. Windows 7 桌面小工具

Windows 桌面小工具是 Windows 7 操作系统新增加的功能,可以方便用户使用。其中,一些工具需要联网才能使用。

(1)添加小工具。

在小工具库中双击想添加的小工具,小工具就显示在桌面上。

(2)设置小工具。

如果想更改小工具,可以把鼠标拖到小工具上,然后单击像扳手一样的图标,即可进入设置页面。根据需要设置小工具,单击"确定"保存。

(3)卸载小工具。

在桌面空白区域右击鼠标,弹出快捷菜单,在快捷菜单中执行"小工具"命令,打开"小工具"库,在"小工具"库中右击需要卸载的小工具图标,单击"卸载"即可完成小工具的卸载。

5. 相关概念

(1)窗口及基本操作。

窗口:窗口就是一个操作界面,系统中的一种操作环境。

打开窗口:双击要打开的应用程序或其他对象。

关闭窗口:常用的有三种方法,即单击窗口右上角的"关闭"按钮;双击窗口左上角的控制图标;使用键盘快捷键 Alt+F4。

移动窗口:方法是激活要移动的窗口(用鼠标指向要激活的窗口单击左键),把鼠标指向标题栏,按住鼠标的左键,拖动标题栏,移动到适当的位置后,松开鼠标左键,则窗口被移动到了指定的位置。

缩放窗口:把鼠标指向窗口的边框,等到鼠标的箭头变为双向箭头时,拖动鼠标,这样就可以改变窗口的大小了。

排列窗口:同时显示多个窗口的内容,可以右击任务栏对打开的所有窗口进行排列。在右击任务栏的快捷菜单中有层叠窗口、堆叠显示窗口、并排显示窗口三种排列窗口的方式。如图 5-15 所示。

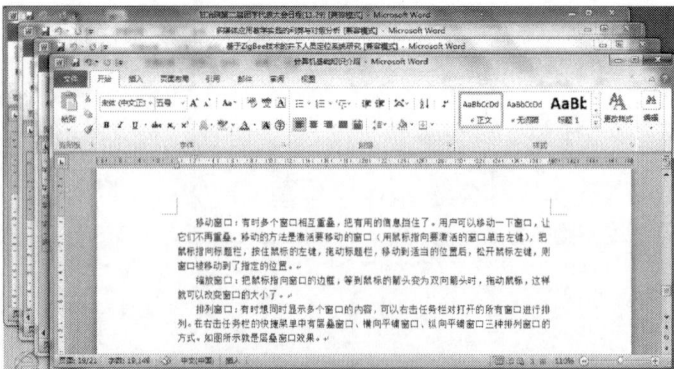

图 5-15　层叠窗口效果

设置计算机的窗口布局:在桌面上打开"计算机"窗口后,执行"组织"|"布局"命令,可以控制窗口界面部分的显示区域,如图 5-16 所示。

图 5-16   设置计算机的窗口布局

（2）对话框及操作。

对话框：对话框指程序或系统在和使用者交谈的过程中弹出的小的窗口，这种窗口在一般情况下包括一个内容标题、一个选项或者多个选项，然后有几个控制按钮。

如图 5-17 所示是 Word 应用程序中的"字体"对话框，包括列表框、下拉列表框、复选按钮等。

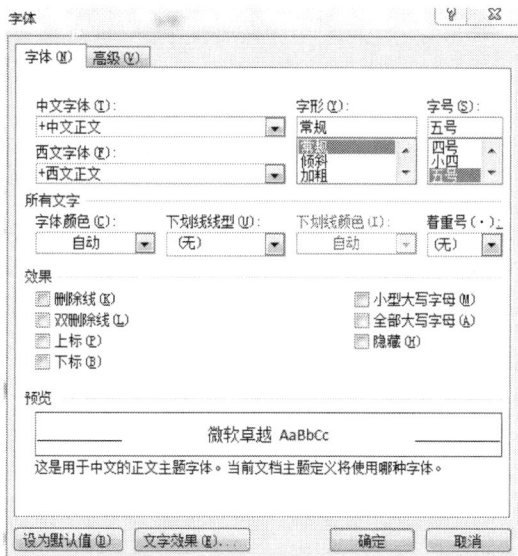

图 5-17   "字体"对话框

在对话框中，还有一些其他的部件，如文本框、加减器、滚动条和滑动块等。它们的操作比较直观,如图 5-18 所示的"鼠标属性"对话框中就有滑动块。

图 5-18 "鼠标属性"对话框

(3)剪贴板及操作。

剪贴板实际上就是在 Windows 程序或文件之间传递信息的临时储存区域,该区域不但可以储存文本,还可以储存图像、声音等其他信息。当用户对所选择的信息进行复制、粘贴操作时,信息被保存在剪贴板上,然后可以将信息从剪贴板上复制、粘贴到其他文档或应用程序中。

任务实施

步骤一 整理桌面图标

将鼠标指针移动到桌面空白区域,在弹出的快捷菜单中执行"排序方式"|"项目类型"命令,如图 5-19 所示。

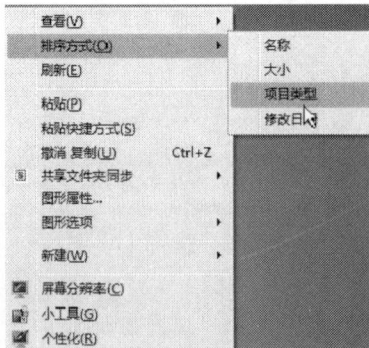

图 5-19 排列图标

在桌面空白区域右击鼠标,在弹出的快捷菜单中单击"查看"菜单选项,在弹出的子菜单中勾选"将图标与网格对齐(I)",如图 5-20 所示。根据喜好对图标进行个别调整,完成桌面图标的整理。

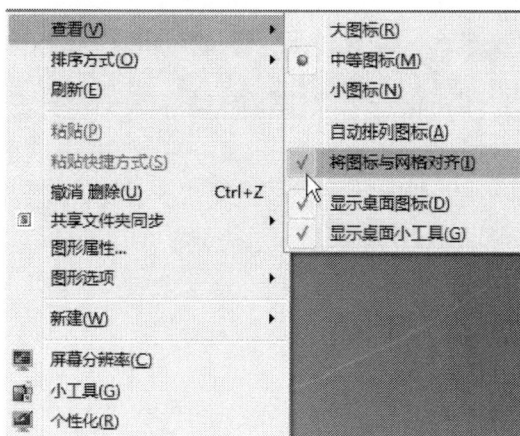

图 5-20　设置图标排列方式

步骤二　设置任务栏

把鼠标指针指向任务栏空白处,右击鼠标,单击"属性"菜单命令,打开"任务栏'开始'菜单属性"对话框,如图 5-21 所示。

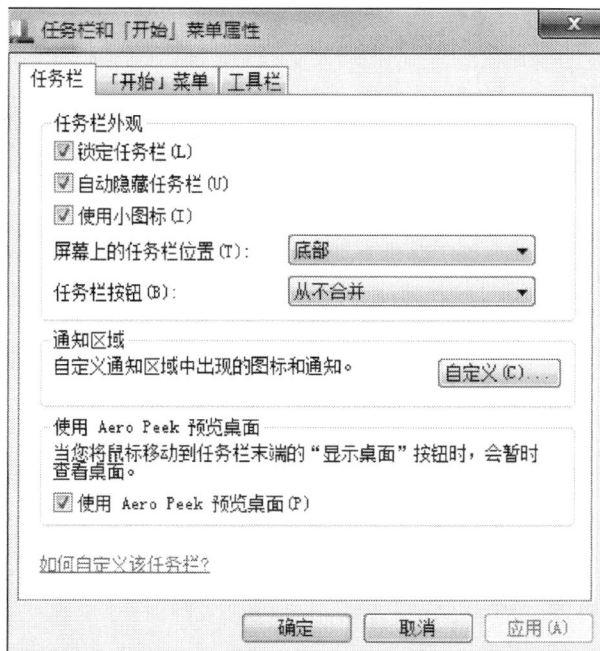

图 5-21　"任务栏'开始'菜单属性"对话框

在"任务栏'开始'菜单属性"对话框中单击"自定义"按钮,打开如图 5-22 所示的窗口,在该窗口中的"始终在任务栏上显示所有图标和通知"选项前的方框中单击,使得里面的对勾取消,然后单击"确定"按钮。

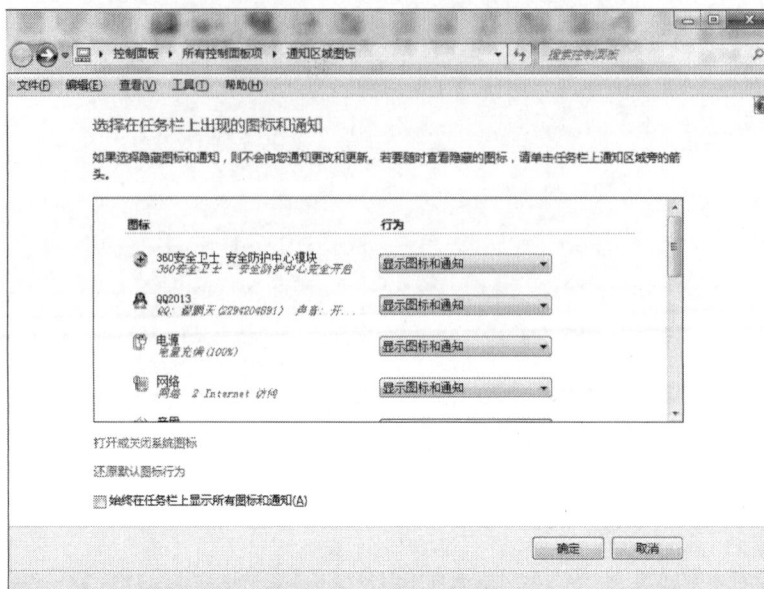

图 5-22　自定义任务栏

在桌面上选定自己常用程序的快捷菜单,拖拽其至任务栏,完成将常用程序锁定至任务栏的操作,如图 5-23 所示。

图 5-23　在任务栏中锁定常用程序

步骤三　设置桌面背景

执行"开始"|"控制面板"|"外观和个性化"|"个性化"命令,在弹出的窗口中单击所要选择的主题方案,如图 5-24 所示。

步骤四　添加屏幕保护

执行"开始"|"控制面板"|"外观和个性化"|"个性化"|"屏幕保护程序"命令,打开"屏幕保护程序设置"对话框。在对话框中设置"屏幕保护"程序为"彩带",设置"等待时间"为 3 分钟,如图 5-25 所示,然后依次单击"应用""确定"按钮。

图 5-24 "个性化"设置窗口

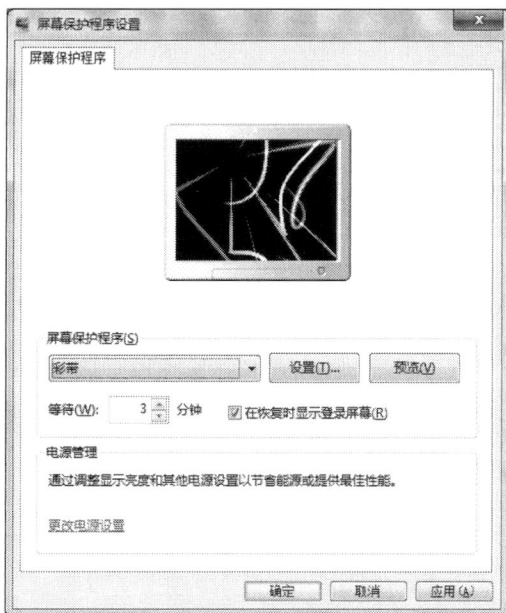

图 5-25 "屏幕保护程序设置"对话框

步骤五 添加 Windows 7 桌面小工具

在桌面空白处,单击右键,选择"小工具"选项,然后双击自己所要添加的工具,如图 5-26所示。

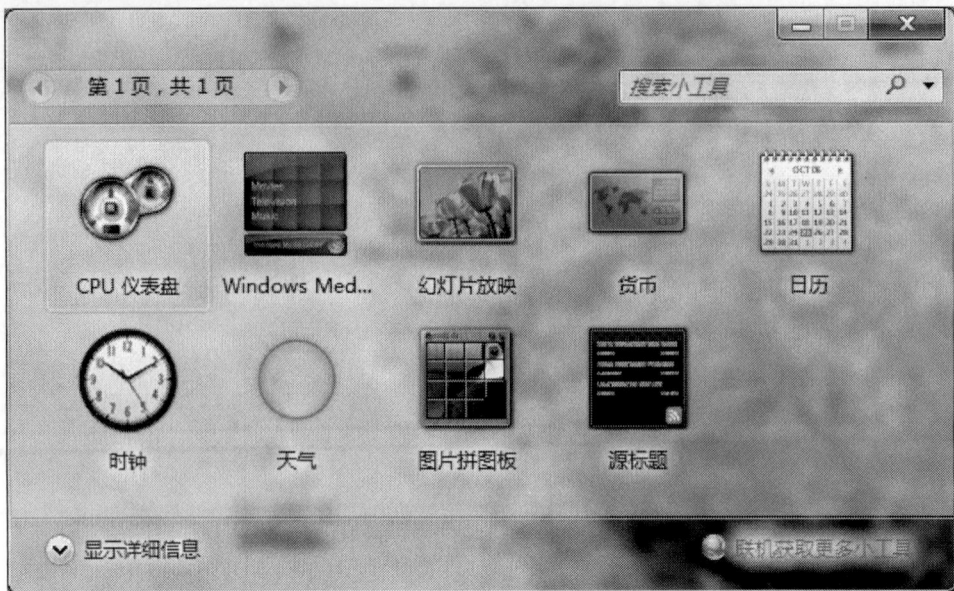

图 5-26　添加桌面小工具

实战演练

一、选择题

1. Windows 7 是一种（　　）的操作系统。

　A. 单用户单任务　　　　　　　　　　B. 单用户多任务

　C. 多用户多任务　　　　　　　　　　D. 多用户单任务

2. Windows 7 操作系统中的"桌面"指的是（　　）。

　A. 整个屏幕　　　　B. 全部窗口　　　　C. 活动窗口　　　　D. 某个窗口

3. Windows 7 操作系统中的"任务栏"上存放的是（　　）。

　A. 系统正在运行的所有程序　　　　　B. 系统前台运行的程序

　C. 系统中保存的所有程序　　　　　　D. 系统后台运行的程序

4. 快捷菜单是用鼠标（　　）目标调出的。

　A. 左键单击　　　　B. 左键双击　　　　C. 右键单击　　　　D. 右键双击

5. 在 Windows 7 操作系统中，剪贴板是（　　）。

　A. 硬盘上的一块区域　　　　　　　　B. 内存中的一块区域

　C. 软盘上的一块区域　　　　　　　　D. Cache 中的一块区域

二、填空题

1. Windows 7 是由（   ）公司开发,具有革命性变化的操作系统。

2. 删除桌面图标和重命名的快捷键分别是（   ）和（   ）。

3. 在 Windows 7 操作系统中,"Ctrl＋C"是（   ）命令的快捷键。

4. Windows 7 有四个默认库,分别是视频、图片、（   ）和音乐。

三、简答题

1. 快捷方式的优点主要有哪些? 如何创建和使用快捷方式?

2. 如何在系统中搜索和新建文件夹?

3. 打开"写字板"程序,如果需要输入〈、?、……、‰、￥、§、√、∈、⊥、±等符号,如何操作?

4. 如果想要删除程序组中的某个应用程序,可用哪些方法来实现?

四、操作题

利用"搜索"功能,查找 D 盘上".txt"为扩展名的文件,并将找出的文件彻底删除。

任务二　Windows 7 文件管理——整理计算机资料

任务情景

　　小杨拥有一台个人计算机,刚开始文件随意存放,查阅时也方便。随着计算机储存的文件越来越多,小杨慢慢地发现查阅一些资料时,经常要查找好长时间或者直接找不到了,这让小杨非常困惑。在计算机老师的建议下,小杨对计算机进行整理,整理后查找文件就快多了。

任务目标及效果

　　整理自己的计算机资料,使其便于查阅。如图 5-27 所示。

图 5-27 "计算机"窗口

任务分析

1. 给计算机的各个磁盘重命名。
2. 对计算机资源进行分类,建立树状的文件管理体系。
3. 设置方便查阅文档的文件显示方式。
4. 打开资源管理器,查阅文档,检查建立的树状文件管理体系。

知识链接

1. 文件和文件夹的概念

(1)文件。

在 Windows 7 中,文件就是用户赋予了名字并储存在磁盘上的信息集合,它可以是用户创建的文档,也可以是可执行的应用程序或一张图片、一段声音等。简单地说,文件就是储存在磁盘上的程序或文档。

(2)文件夹。

文件夹是系统组织和管理文件的一种形式,它是为方便用户查找、维护和储存而设置的,用户可以将文件分门别类地存放在不同的文件夹中。简言之,就是可以存储文件的地方,如图 5-28 所示。文件夹里还可以包含文件夹,称为子文件夹。

图 5-28　包含文件的文件夹

（3）文件和文件夹的属性。

文件和文件夹的属性包括名称、大小、类型、位置、创建和修改时间以及只读、存档、隐藏等。

（4）文件和文件夹的名称。

在 Windows 7 中文件和文件夹名称长度可达到 255 个字符（包含空格）。名称中可以用汉字和除"\""/"" ："" ＊ ""?""""""＜""＞""|"这九个符号外的其他字符，文件名称一般由主文件名称和扩展名组成，前后用小数点与文件名隔开。主文件名用来标识文件的名称，扩展名用来表示文件的类型，比如前面创建的文件"计算机素材 .txt"这个文件名，其中"计算机素材"是主文件名，".txt"是扩展名，表示这是一个文本文件，见表 5-1。

表 5-1　常见文件类型

文件类型	说　明
程序文件	可以直接运行，包括可执行文件".exe"、系统命令文件".com"和批处理文件".bat"
系统文件	在可执行文件运行时起辅助作用，自己不能直接运行，包括链接文件（.dll）和系统配置文件（.sys）
文本文件	可以直接用编辑器编辑的文本文件，主要包括文档文件".docx"，".xlsx"，".pptx"等）和普通文本文件（.txt）
多媒体文件	以数字形式存储视频或音频信息，主要包括".wav"文件、".mid"文件和".avi"文件等
图像文件	由图像处理程序生成，可以通过图像处理软件进行编辑，如".bmp"文件和".jpg"文件等
其他文件	如字体文件、帮助文件和临时文件等

（5）文件名中的通配符。

文件名中使用通配符代表一组文件。通配符有两种："＊"和"?"。

"＊"通配符：代表文件名中的多个字符。例如，"＊.＊"代表所有的文件夹和文件；"＊.txt"代表文件名的扩展名是".txt"的所有文件；"A＊.＊"代表文件名中第一个字符是"A"的所有文件。

"?"通配符：代表所在位置的任意字符。例如，"ABC?.docx"表示以 ABC 开头，第四个为任意字符，扩展名是".docx"的所有文件。

2. 文件夹(文件)的基本操作

(1)文件夹(文件)新建操作。

①在桌面上或文件夹窗口中的空闲区域右击鼠标，在弹出的下拉快捷菜单中执行"新建"命令。

②在打开的磁盘或文件夹窗口中单击"新建文件夹"按钮新建文件夹。

(2)文件夹(文件)的选定。

①选择一组连续的文件夹(文件)：单击第一项，按住 Shift 键，然后单击最后一项。

②选择相邻的多个文件夹(文件)：拖动鼠标指针，在包括所有需要项目外围画一个方框。

③选择不连续的文件夹(文件)：按住 Ctrl 键，逐个单击要选择的每个项目。

④选择窗口中的所有文件夹(文件)：在工具栏上单击"组织"，然后单击"全选"。如果要从选择中排除一个或多个项目，可以按住 Ctrl 键，然后单击这些项目。

⑤全部选定文件夹(文件)：按住 Ctrl＋A 组合键，或用鼠标拖曳全选。

(3)文件夹(文件)重命名。

选定需要重命名的文件夹(文件)，右击鼠标，在弹出的下拉快捷菜单中执行"重命名"命令，或选定需要重命名的文件夹(文件)，按 F2 键完成重命名。

(4)文件夹(文件)的复制。

①选定需要复制的文件夹(文件)，右击鼠标，在弹出的下拉快捷菜单中执行"复制"命令。

②选定需要复制的文件夹(文件)，按下 Ctrl＋C 组合键完成复制。

③在磁盘或文件夹窗口中选定文件夹(文件)，执行"编辑"|"复制"命令完成复制。

(5)文件夹(文件)的移动。

①选定需要移动的文件夹(文件)，右击鼠标，在弹出的下拉快捷菜单中执行"剪切"命令，然后在目的文件夹的空白区域右击鼠标，在弹出的下拉快捷菜单中执行"粘贴"命令。

②选定需要移动的文件夹(文件)，按下 Ctrl＋X 组合键，然后将鼠标指针指向目的文件夹的空白区域，按下 Ctrl＋V 组合键。

③在磁盘或文件夹窗口中选定文件夹(文件)，执行"编辑"|"剪切"命令，然后在目的文件夹中执行"编辑"|"粘贴"命令。

(6)文件夹(文件)的删除。

①选定需要删除的文件夹(文件)，右击鼠标，在弹出的下拉快捷菜单中执行"删除"命令。

②选定需要删除的文件夹(文件)，按下 Delete 键删除文件夹(文件)，或按下 Shift＋Delete 组合键永久删除文件夹(文件)。

(7)文件夹(文件)的还原。

打开"回收站"，在里面选定需要还原的文件夹(文件)，右击鼠标，在弹出的下拉快捷菜单中执行"还原"命令。

3. 资源管理器

资源管理器是对系统软、硬件资源进行管理的运用程序。

启动资源管理器的方法包括以下几种。

(1)执行"开始"|"所有程序"|"附件"|"Windows 资源管理器"命令,打开"资源管理器"窗口,如图 5-29 所示。

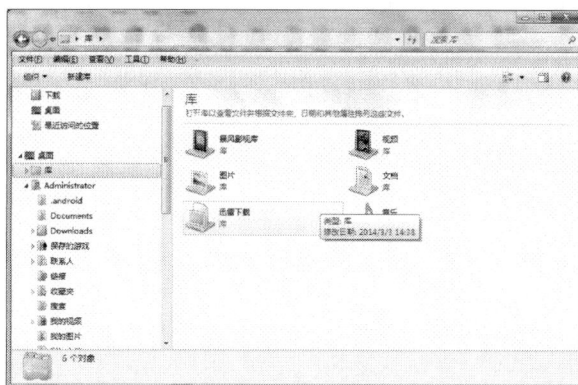

图 5-29 "资源管理器"窗口

(2)用鼠标右击"开始"按钮,在弹出的快捷菜单中选择"打开 Windows 资源管理器(P)"选项,即可启动资源管理器,打开"资源管理器"窗口。

单击"最大化"按钮,可将窗口扩大为整个屏幕,使窗口中的内容更加清晰、完整;当暂时不用时,可单击"最小化"按钮,将窗口缩小为图标并显示在任务栏上。在任务栏上单击图标,窗口即可还原。

需要关闭资源管理器时,可在控制菜单或菜单栏上选择"文件"|"关闭"选项,或者直接单击窗口右上角的"关闭"按钮,或者按下 Alt+F4 组合键。

资源管理器的窗口分为左、右两部分,分别称为左窗口和右窗口。资源管理器窗口包括以下几部分。

(1)文件夹树窗口。

文件夹树窗口位于屏幕的左边,显示磁盘中各文件夹的结构。文件夹树窗口的上方是根文件夹——桌面,然后向下展开,有"库""计算机""网络""Administrator(管理员文件夹)"和"控制面板"等图标。若图标的左侧有"▷",则表示还有下级可展开,单击图符"▷"展开其下级文件夹,同时图符"▷"变成"◢",表示该图标已被展开;再次单击图符"◢",则关闭已展开的图标。

(2)文件夹内容窗口。

文件夹内容窗口位于屏幕的右边,显示当前文件夹的内容。除文件夹和驱动器的图标外,还有各种内容的文件图标。在文件夹窗口中,已打开的文件夹(当前文件夹)像一本翻开的书,其图标高亮显示。

(3)子文件夹。

子文件夹就是上层文件夹的下一层文件夹,其本身也可拥有下级文件夹,实现文件夹的嵌套。

(4)窗口分隔栏。

窗口分隔栏位于左、右窗口的中间,用鼠标指向它长按并拖拽,可改变左、右窗口的大小。

4. 计算机与磁盘操作

打开桌面的"计算机"窗口,或在"Windows 资源管理器"窗口左侧选择"计算机",如图 5-30 所示,从中可以看到计算机的硬盘包括本地磁盘(C:)、本地磁盘(D:)、本地磁盘(E:)、本地磁盘(F:)四个分区和可移动存储的设备 DVDRW 驱动器(G:)。

图 5-30 "计算机"窗口

对于磁盘的操作主要有以下方面。

(1)磁盘格式化。

新磁盘在使用前必须先格式化(当然有些磁盘在出售之前就已经被格式化了)。格式化磁盘是对磁盘的区域进行一定的规划,一般计算机能够准确地在磁盘上记录或提取信息。格式化磁盘还可以发现磁盘中损坏的扇区,并标识出来,避免计算机向这些扇区上记录数据。磁盘进行格式化操作会把磁盘中的所有数据彻底删除,所以格式化磁盘一定要谨慎操作。

格式化磁盘的操作可按以下步骤进行:在桌面上打开计算机窗口,用鼠标右击要格式化的磁盘(如 D 盘),从快捷菜单中选择"格式化"命令,弹出如图 5-31 所示的"格式化磁盘"对话框,下面按提示操作即可。

(2)查看改变磁盘的属性。

要浏览和改变磁盘的设置,在计算机窗口中用鼠标右击要查看属性的磁盘,从弹出的快捷菜单中选择"属性"命令,弹出如图 5-32 所示的对话框。

"磁盘属性"对话框中包含四个基本选项卡。

"常规"选项卡:从中可以查看磁盘有多少存储空间,用了多少还剩多少。如果要改变或设置磁盘卷标,请从"卷标"文本框中键入卷标的名称。如果要对磁盘进行清理,请单击"磁盘清理"按钮。

"工具"选项卡:从中可以进行磁盘的诊断检查、备份文件或整理磁盘碎片以提高访问速度。

图 5-31 "格式化磁盘"对话框　　　　图 5-32 "磁盘属性"对话框

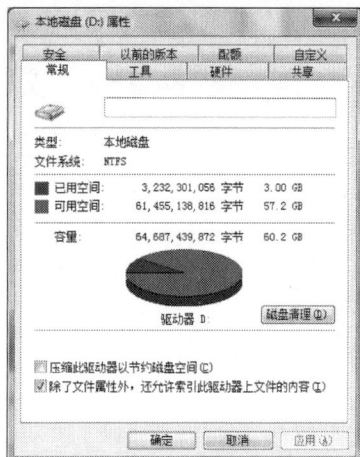

"硬件"选项卡：列出所有磁盘驱动器的硬件型号。

"共享"选项卡：设置磁盘、文件夹在网络中的共享方式。

若磁盘是 NTFS 格式的，则还有"安全""以前版本""配额"和"自定义"等选项卡，它们的具体设置可查看 Windows 7 的相关资料。

（3）清理磁盘。

在 windows 7 中，运用某些系统应用程序时会产生一些临时文件、缓存文件，这些文件实际上是保存源文件的备份信息，因为可以增加正在使用文件的安全性，但是它们占有一定的磁盘空间。当完成对某些文件的操作之后，用户应该将这些临时文件（或缓存文件）清除，以便释放磁盘空间。Windows 7 提供了磁盘清理工具，用来清理这些备份信息。

磁盘清理的基本操作步骤如下。

①打开"开始"|"所有程序"|"附件"|"系统工具"命令，然后单击"磁盘清理"程序打开"磁盘清理：驱动器选择"对话框，如图 5-33 所示，选定要清理的驱动器。

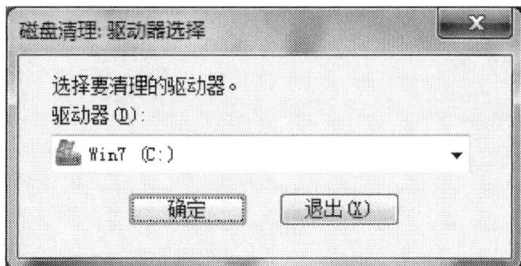

图 5-33 "磁盘清理：驱动器选择"对话框

②单击"确定"按钮，这时磁盘清理程序将在所选择的驱动器上释放磁盘空间。

③完成操作之后，屏幕上出现"磁盘清理"对话框，在该页面上列出磁盘清理程序可以释放的磁盘空间，如图 5-34 所示，从中勾选要被清理的项目，单击"确定"按钮即可。

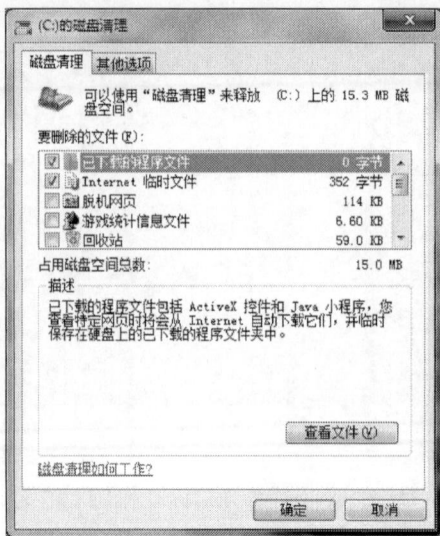

图 5-34 "磁盘清理"对话框

（4）整理磁盘碎片。

系统在磁盘上存储文件信息时，它在找到的而未被文件占用的第一个位置写入信息。如果该位置存储不下文件，系统将找到另一块未占用的空间来存储该文件信息。系统将重复这个操作过程，直到文件被写入磁盘，这样一个文件可能被分散存储在不同块上，即分存在碎片上。磁盘碎片必然导致程序运行速度的下降，为了加快程序运行速度，可以使用"磁盘碎片整理程序"对话框重新整理磁盘上的文件和未使用的空间。

磁盘碎片整理的基本步骤如下。

打开"开始"|"所有程序"|"附件"|"系统工具"|"磁盘碎片整理程序"命令，出现"磁盘碎片整理程序"对话框，如图 5-35 所示，从中选择一个磁盘分区，单击"磁盘碎片整理"按钮可以进行磁盘碎片整理程序。

图 5-35 "磁盘碎片整理"对画框

任务实施

步骤一　修改磁盘名称

打开"开始"|"计算机"命令或双击桌面"计算机"快捷图标打开"计算机"窗口。如图 5-36所示。

图 5-36　"计算机"窗口

右击"本地磁盘(D:)",在弹出的快捷菜单中执行"重命名"命令,此时"本地磁盘"四个字反色显示,如图 5-37 所示,输入"程序"两个字,修改磁盘名称。

图 5-37　重命名磁盘名称

按照前面的方法依次修改"本地磁盘(E:)""本地磁盘(F:)"的名称为"学习"和"娱乐",完成磁盘名称的修改,如图 5-38 所示。

图 5-38　完成磁盘重命名

步骤二　建立树状文件管理体系

打开程序盘,单击"新建文件夹"命令,新建一个文件夹,命名为"办公软件",依次创建"交流软件""图像软件""音乐软件""游戏软件"几个文件夹,如图 5-39 所示。

图 5-39　在"程序盘"中新建文件夹

打开学习盘,创建"英语""数学""语文""计算机基础""C 语言程序设计""单片机原理与应用"等所学科目的文件夹,如图 5-40 所示。

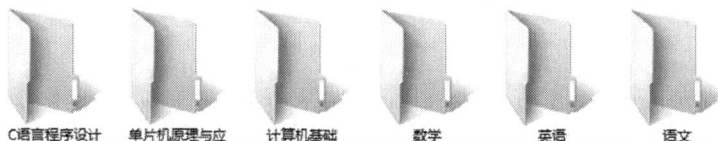

图 5-40　在"学习盘"中新建文件夹

打开娱乐盘,创建"音乐""电影""文章""图片""其他"等文件夹,如图5-41 所示。

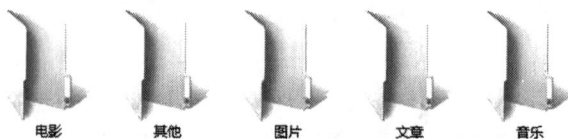

图 5-41　在"娱乐盘"中新建文件夹

步骤三　根据自己建立的树状文件管理体系整理自己计算机上的资源

依次打开各个磁盘,将磁盘中的文件根据前面创建的文件夹归类。注意程序安装文件夹不能直接移动,需要在安装时就重新设定安装路径。

步骤四　修改文件显示形式

打开"计算机"窗口,执行"组织"|"文件夹和搜索选项"命令,打开"文件夹选项"对话框,如图 5-42 所示。

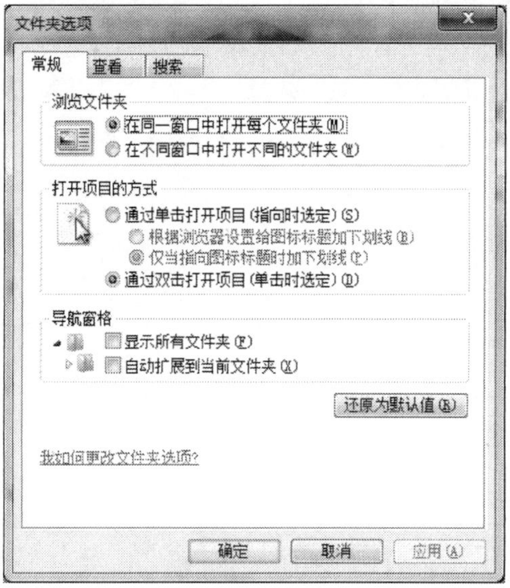

图 5-42 "文件夹选项"对话框

在"文件夹选项"中单击"查看"按钮,在"高级设置"中将"隐藏文件和文件夹"设置为"显示隐藏的文件、文件夹和驱动器"并取消"隐藏已知文件类型的扩展名"选项的勾选,如图 5-43所示,完成设置后依次单击"应用""确定"按钮,如图 5-43 所示。

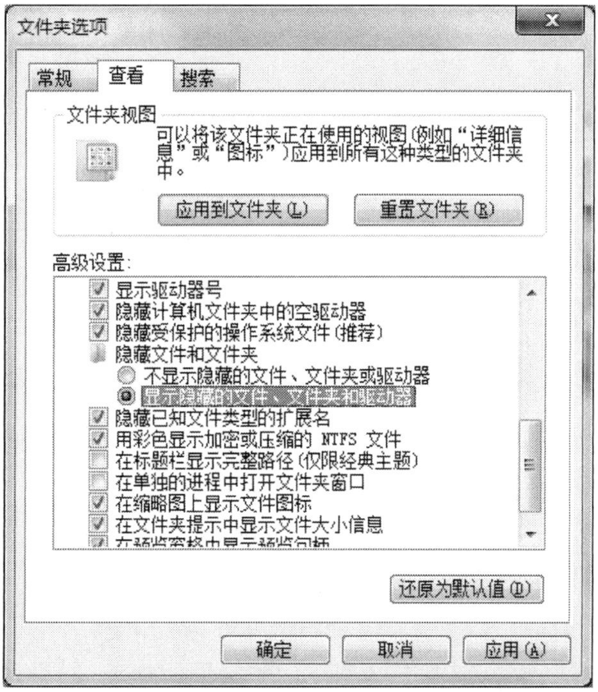

图 5-43 "文件夹选项"对话框中的"查看"选项标签

打开学习盘,在空白处右击鼠标,在弹出的快捷菜单中执行"查看"|"中等图标"命令,如图 5-44 所示,依次完成其他磁盘的设置。

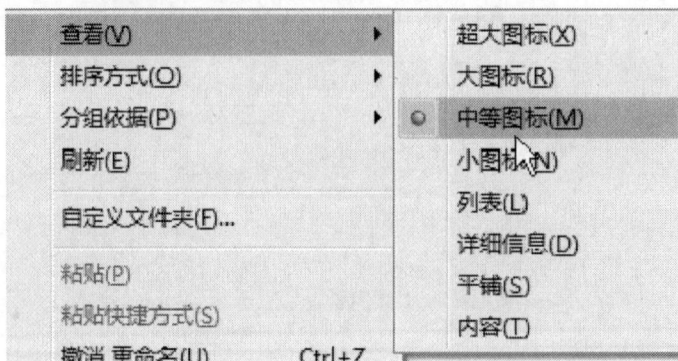

查看(V)	▶	超大图标(X)
排序方式(O)	▶	大图标(R)
分组依据(P)	▶	⊙ 中等图标(M)
刷新(E)		小图标(N)
自定义文件夹(F)...		列表(L)
		详细信息(D)
粘贴(P)		平铺(S)
粘贴快捷方式(S)		内容(T)
撤消 重命名(U) Ctrl+Z		

图 5-44　设置图表显示样式

步骤五　在资源管理系统中查看自己的树状管理体系

打开"开始"|"Windows 资源管理器"命令,打开"资源管理器"窗口,如图 5-45 所示。

图 5-45　"资源管理器"窗口

将鼠标指针移动到"资源管理器窗"口左侧的"程序"前面的三角箭头图标处单击,展开程序盘的内容,依次再展开学习盘和娱乐盘的内容,查看文件,如图 5-46 所示。

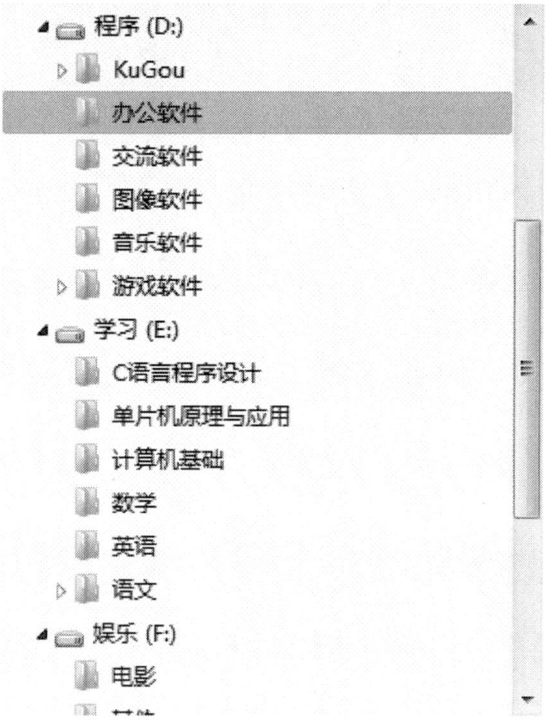

图 5-46　在"资源管理器"中查阅文件

实战演练

一、选择题

1. 在 Windows 中,将屏幕上的活动窗口画面复制到剪贴板的操作是(　　)。

　　A. 按 Print Screen 组合键　　　　　　B. 按 Alt＋Print Screen 组合键

　　C. 按 Ctrl＋Print Screen 组合键　　　　D. 按 Shift＋Print Screen 组合键

2. 以下关于"开始"菜单的说法中,不正确的是(　　)。

　　A. 用户想做的事情几乎都可以从"开始"菜单开始

　　B. 用户可以自定义"开始"菜单

　　C. 可以在"开始"菜单中增加菜单项,但不能删除菜单项

　　D. 通过"开始"菜单可以关闭系统

3. 删除某个应用程序的快捷方式图标,表示(　　)。

　　A. 只删除了图标,该应用程序被保留

　　B. 既删除了图标,又删除了该程序

　　C. 该程序在运行时可能会出现问题

　　D. 磁盘上的该程序将无法启动

4. 当一个应用程序窗口被最小化后,该应用程序将(　　)。

    A. 被中止执行　　　　　　　　　　B. 继续执行

    C. 被暂停执行　　　　　　　　　　D. 被转入后台执行

5. 下面哪一类型不是 Windows 7 操作系统的用户账户(　　)。

    A. 计算机管理用户　　　　　　　　B. 受限用户

    C. 来宾用户　　　　　　　　　　　D. 计算机用户

二、填空题

1. 通过(　　　　)可以恢复被误删除的文件或文件夹。

2. 要设置文件和文件夹的属性,首先要用鼠标右击(　　　　)。在 Windows 7 操作系统中,文件或文件夹具有(　　　　)(　　　　)两种基本属性。

3. 在 Windows 7 中,运行(　　　　)程序,可以重新安排磁盘中的文件和磁盘自由空间,提高磁盘的存取效率。运行(　　　　)程序,可以释放磁盘上被系统运行时产生的临时文件、Internet 缓存文件等占用的空间。

4. 要设置计算机的时间和日期,可以使用控制面板中的(　　　　)项。

5. 要添加汉字输入法,要先打开控制面板中的(　　　　)工具,选择(　　　　)选项标签,单击(　　　　)按钮,在弹出的"文本服务和输入语言"对话框中才能实现。

三、简答题

1. 什么是文件夹?怎样建立新文件夹?

2. 文件通配符有哪些?它们分别有何作用?

3. 使用控制面板中的卸载或更改程序窗口删除 Windows 应用程序有什么好处?

四、操作题

在 D 盘中建立文件夹,使资源管理器中呈现图 5-47 中样式的树状结构图。

图 5-47　作业效果图

项目 6　Word 2010 软件的应用

Word 2010 是 Office 2010 软件中的文字处理组件,也是现在办公室使用最普及的软件之一。利用 Word 2010 可以创建纯文本、图表文本、表格文本等各种类型的文档,还可以使用字体、段落、版式等格式功能进行高级排版。

任务一　Word 2010 基本操作——制作通知

任务情景

某总公司为落实安全生产事宜,决定召开 2014 年年度安全生产工作会议,需要将有关事项通知到各分公司各厂。

任务目标及效果

通 知 new

各分公司各厂:

　　为贯彻市政府安全工作会议精神,研究落实我公司安全生产事宜,总公司决定召开 2014 年年度安全生产工作会议,现将有关事项通知如下:

　　1.参加会议人员:各车队队长,修理厂厂长。

　　2.会议时间:5 月 3 日,会期 1 天。

　　3.报到时间:5 月 2 日至 5 月 3 日上午 8 时前。

　　4.报到地点:第二招待所 301 号房间,联系人:赵爱国。

　　5.各单位报送的经验材料,请打印 30 份,于 4 月 20 日前报公司技安科。

　　6.有问题的单位向办公室咨询,电话☎▇▇▇▇▇▇▇。

　　特此通知

×× 总公司

二〇一四年四月十五日

图 6-1　"通知"效果图

1. 输入文档。
2. 编辑文档。
3. 保存文档。
4. 对文档进行格式修改。
5. 关闭文档。

知识链接

1. Word 2010 工作窗口

Word 2010 相对于旧版本的 Word 窗口界面而言,更具有美观性与实用性。在 Word 2010 中,选项标签与功能区替代了传统的菜单栏与工具栏,用户可通过双击的方法快速展示各组命令,如图 6-2 所示。

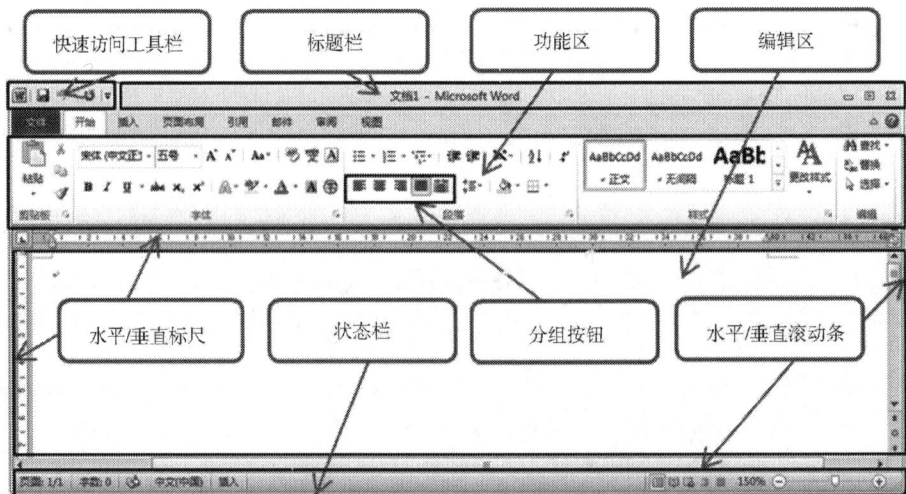

图 6-2　Word 2010 工作窗口

(1)标题栏。

标题栏显示当前应用程序名(Microsoft Word)和当前所处理文档的文件名。

(2)选项标签。

选项标签旨在帮助用户快速找到完成某一任务所需的命令。

(3)功能区。

功能区是指汇集了每个选项标签中的所有功能的区域,能使用户更快捷、更方便地找到自己想要运用的功能。

(4)状态栏。

状态栏位于 Word 窗口的底部,显示当前文档的编辑信息,如当前页数/文档页数、当前选中的字数/文档字数、插入/改写状态、视图切换按钮、显示比例等。

(5)编辑区。

典型的 Word 文档窗口包括标尺(垂直和水平)、滚动条(垂直和水平)和文档编辑区。

2. Word 2010 的视图模式

Word 2010 中提供了多种视图模式供用户选择,这些视图模式包括"页面视图""阅读版式视图""Web 版式视图""大纲视图"和"草稿视图"五种视图模式。用户可以在"视图"功能区中选择需要的文档视图模式,也可以在 Word 2010 文档窗口的右下方单击视图按钮选择视图。

(1)页面视图。

"页面视图"可以显示 Word 2010 文档的打印结果外观,主要包括页眉、页脚、图形对象、分栏设置、页面边距等元素。

(2)阅读版式视图。

"阅读版式视图"以图书的分栏样式显示 Word 2010 文档,"文件"按钮、功能区等窗口元素被隐藏起来。

(3)Web 版式视图。

"Web 版式视图"以网页的形式显示 Word 2010 文档,适用于发送电子邮件和创建网页。

(4)大纲视图。

"大纲视图"主要用于 Word 2010 文档的设置和显示标题的层级结构,并可以方便地折叠和展开各种层级的文档。

(5)草稿视图。

"草稿视图"取消了页面边距、分栏、页眉页脚和图片等元素,仅显示标题和正文,是最节省计算机系统硬件资源的视图方式。

3. Word 文档的基本操作

(1)新建文档(office.com 提供了非常丰富的模板,极大地方便了用户快速建立各种类型的文档)。

①在"开始"菜单中选择"所有程序"|"Microsoft Office"|"Microsoft Word 2010"选项,启动 Word 2010。

②打开桌面 Word 2010 快捷图标。

(2)输入文本。

①输入文字。在 Word 光标处,可以直接输入中英文、数字、符号、日期等文本。

②输入特殊符号。执行"插入"选项标签|"符号"功能区|"符号"命令。

③输入公式。

(3)保存文档。

①执行"文件"菜单|"保存"选项,在"另存为"对话框的"保存位置"列表框中选择文档保存位置,在"文件名"文本框中输入新建文档的文件名"通知"(可以省略扩展名".docx",下同),单击"保存"按钮。

②执行"文件"菜单|"另存为"选项。

③键盘组合键 Ctrl + S。

(4)关闭/退出文档。

执行"文件"|"退出"选项,或单击 Word 工作窗口标题栏右侧的"关闭"按钮,退出 Word。

4. 编辑文档

(1)选择文本。

①键盘选择文本。

主要是使用方向键和快捷键来选择单个字符、词、段、整行文本。

表 6-1　组合键及快捷键

组合键	功能	组合键	功能
→	向右移动一个字符	Ctrl+End	移动到文档的结尾
←	向左移动一个字符	Shift+↓	选择下一个字符
↑	向上移动一个字符	Shift+↑	选择上一个字符
↓	向下移动一个字符	Shift+↑	选择上一行
Ctrl +→	向右移动一个词	Shift+↓	选择下一行
Ctrl+←	向左移动一个词	Ctrl+Shift+→	选择词尾
Ctrl+↑	向上移动一段	Ctrl+Shift+←	选择词首
Ctrl+↓	向下移动一段	Shift+Home	选择到行首
PageUp	向上移动一屏	Shift+End	选择到行尾
PageDown	向下移动一屏	Shift+PageUp	选择到上屏
Home	移动到行首	Shift+PageDown	选择到下屏
End	移动到行尾	Ctrl+Shift+Home	选择到文本开头
Ctrl+Alt+PageUp	向上移动一页	Ctrl+Shift+End	选择到文本结尾
Ctrl+Alt+PageDown	向下移动一页	Ctrl+A	选择全部文本
Ctrl+Home	移动到文档的开头		

②鼠标选择文本。

➤选择任意文本:拖动鼠标即可选择任意文本。

➤选择单词:双击单词的任意位置。

➤选择整行:将鼠标移动至行的最左侧,当光标变成→时单击即可选择整行。

➤选择多行:将鼠标移动至行的最左侧,当光标变成→时拖动鼠标即可选择多行。

➤选择整段:将鼠标移动至行的最左侧,当光标变成→时双击鼠标即可选择整段。

➤选择全部文本:将鼠标移动至行的最左侧,当光标变成→时连续点击鼠标三次即可选择整段。

(2)编辑文本。

①删除文本。将文本选中,按 Delete 键或 Back Space 键即可删除文本。

技巧点拨

Delete 键可以将光标之后的文本逐一删除,Back Space 键可以将光标之前的文本逐一删除。

②移动文本。移动文本就是剪切文本,属于文本的绝对移动,是将文本从一个位置转移到另外一个位置。

执行"开始"选项标签|"剪贴板"功能区|"剪切"命令,然后选择放置文本位置,单击"粘贴"命令即可。

技巧点拨

移动的方法有多种,以下也是常用的两种方法。

➢通过 Ctrl + X 组合键与 Ctrl + V 组合键复制文本;

➢在文本上右击,在快捷菜单中执行"剪切"和"粘贴"命令。

③复制文本属于文本的相对移动,是将该文本以副本的方式移动到其他位置,复制文本可以在文档中显示多个该文本。

技巧点拨

复制的方法有多种,以下也是常用的两种方法。

➢通过 Ctrl + C 组合键与 Ctrl + V 组合键复制文本;

➢在文本上右击,在快捷菜单中执行"复制"和"粘贴"命令。

(3)查找与替换。

在文档的编辑过程中,有时需要找出重复出现的某些内容并修改,用 Word 提供的查找替换功能,可以快捷、轻松地完成该项工作。

操作要点如下。

①执行"开始"选项标签|"编辑"功能区|"替换"命令,在"查找与替换"对话框中选择"替换"选项卡,如图 6-3 所示。

图 6-3　"查找与替换"对话框选择"替换"选项卡

②在"查找内容"下拉列表框中输入"L＊",在"替换为"下拉列表框中输入"语言";

③单击"更多"按钮,见图 6-4,选中"搜索选项"区域中"使用通配符"复选框;

④单击"替换"按钮,系统替换文档中的文本并自动查找下一处;如果不替换,则单击"查找下一处"按钮;如果确定文档中所查找的文本都要替换,可直接单击"全部替换"按钮,完成后,Word 自动报告替换的结果。

图 6-4 "查找与替换"对话框的高级形式

5. 设置字符格式

(1)使用"字体"对话框设置字符格式。

执行"开始"选项标签|"字体"功能区右下方箭头 ，显示"字体"对话框，如图 6-5 所示。在"字体"对话框的"字体"选项标签中可以设置字体、字形、字号、字体颜色、下划线线形、下划线颜色及效果等字符格式。在"字体"对话框的"高级"选项标签中可以对标准字符间距进行调整。

图 6-5 "字体"对话框

(2)在"字体"功能区中设置字符格式，如图 6-6 所示。

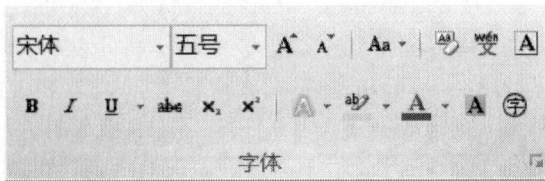

图 6-6 "字体"功能区

（3）设置中文版式。

"段落"功能区的"中文版式"按钮 ⚒ ▾ 可以设置相应的中文版式。

（4）格式刷的使用。

"格式刷" 🖌 按钮的作用是快速复制格式，简化重复工作。单击"格式刷"复制一次格式，双击"格式刷"复制多次格式，直至按 Esc 键或单击"格式刷"按钮取消。

6. 段落格式设置

段落格式设置主要包括段落的对齐、段落的缩进、行距与段距、段落的修饰等。段落的大部分设置在"开始"选项标签|"段落"功能区或者执行"开始"选项标签|"字体"功能区右下方的箭头下，在打开的"段落"对话框中完成，如图 6-7 所示。

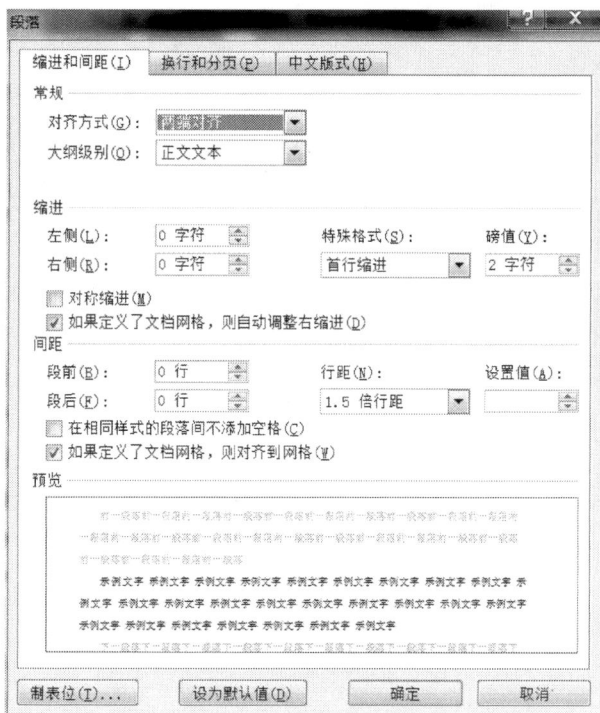

图 6-7　"段落"对话框

（1）段落的对齐。

段落的对齐方式有"左对齐""右对齐""居中对齐""两端对齐"和"分散对齐"五种。

（2）段落的缩进。

段落的缩进方式有"左缩进""右缩进""首行缩进"和"悬挂缩进"四种。

（3）间距。

间距分为"段前""段后"和"行距"三种。

（4）为段落加上编号和项目符号。

选定要添加编号或项目符号的段落，在"段落"功能区中单击"编号" ☷ 或"项目符号"

按钮右边向下箭头,在"编号"或"项目符号"按钮对话框中选择编号或项目符号,如图6-8、图6-9所示。

图 6-8 "编号"对话框   图 6-9 "项目符号"对话框

任务实施

步骤一 启动 word,创建新文档

打开"开始"|"所有程序"|"Microsoft Office"|"Microsoft Word 2010"选项,启动Word 2010。

步骤二 输入文本

按题目要求输入汉字、英文单词和标点符号。

操作要点如下。

①文档的输入总是从插入点开始,即插入点显示了输入文本的插入位置。

②输入文字到达右边界时不需要用 Enter 键换行,Word 根据纸张的大小和设定的左右缩进量自动换行。

③当一个自然段文本输入完毕时,按 Enter 键,在插入点光标处插入一个段落标记"↵"以结束本段落,插入点移到下一行新段落的开始,等待继续输入下一自然段的内容。

④一般情况下,不使用插入空格符来对齐文本或产生缩进,可以通过格式设置达到指定的效果。

⑤输入出错时,按 Backspace 键删除插入点左边的字符,按 Delete 键删除插入点右边的字符。如图 6-10 所示。

通 知 new

各分公司各厂：

为贯彻市政府安全工作会议精神，研究落实我公司安全生产事宜，总公司决定召开 2014 年年度安全生产工作会议，现将有关事项通知如下：

1.参加会议人员：各车队队长，修理厂厂长。

2.会议时间：5 月 3 日，会期 1 天。

3.报到时间：5 月 2 日至 5 月 3 日上午 8 时前。

4.报到地点：第二招待所 301 号房间，联系人：赵爱国。

5.各单位报送的经验材料，请打印 30 份，于 4 月 20 日前报公司技安科。

6.有问题的单位向办公室咨询，电话 ▨▨▨▨▨▨。

特此通知

××总公司

二〇一四年四月十五日

图 6-10 输入文本效果

步骤三 插入符号

执行"插入"选项标签|"符号"功能区|"符号"命令，选择"其他符号（M）"选项，弹出"符号"对话框，如图 6-11 所示。在"字体"列表框选择"Windings"，单击第 1 行第 9 个符号，单击"插入"按钮，输入符号。

图 6-11 "符号"对话框

步骤四 保存文档

执行"文件"菜单|"保存"选项，在"另存为"对话框的"保存位置"列表框中选择文档保存位置，在"文件名"文本框中输入新建文档的文件名"通知"，单击"保存"按钮。

步骤五 对文档进行格式修改

格式要求如下。

标题：黑体、二号、居中，new 设置为上标。

正文：宋体、四号、首行缩进两个字符、行距为 1.5 倍行距；

落款：楷体、四号、右对齐。如图 6-12 所示。

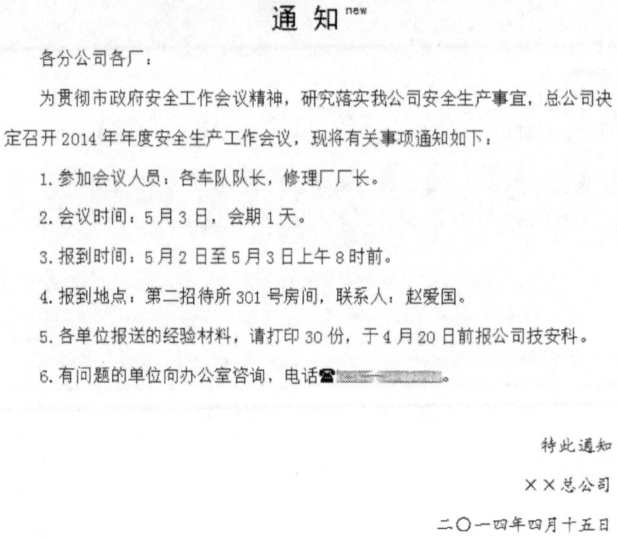

通 知^{new}

各分公司各厂：

为贯彻市政府安全工作会议精神，研究落实我公司安全生产事宜，总公司决

定召开 2014 年年度安全生产工作会议，现将有关事项通知如下：

1. 参加会议人员：各车队队长，修理厂厂长。

2. 会议时间：5 月 3 日，会期 1 天。

3. 报到时间：5 月 2 日至 5 月 3 日上午 8 时前。

4. 报到地点：第二招待所 301 号房间，联系人：赵爱国。

5. 各单位报送的经验材料，请打印 30 份，于 4 月 20 日前报公司技安科。

6. 有问题的单位向办公室咨询，电话☎━━━━━━━━━。

特此通知

××总公司

二〇一四年四月十五日

图 6-12　修改格式后效果

步骤六　关闭文档

执行"文件"选项标签|"退出"选项，或单击 Word 工作窗口标题栏右侧的"关闭"按钮，退出 Word。

实战演练

一、选择题

1. Word 2010 文档文件的扩展名默认为（　　）。

　　A..docx　　　　　　B..dot　　　　　　C..txt　　　　　　D..rif

2. 按 Ctrl＋S 组合键的功能是（　　）。

　　A. 删除文字　　　B. 粘贴文字　　　C. 保存文件　　　D. 复制文字

3. 在 Word 2010 中，如果要把整个文档选定，先将光标移动到文档左侧的选定栏，然后（　　）。

　　A. 双击鼠标左键　　　　　　　　　B. 连续点击 3 下鼠标左键

　　C. 单击鼠标左键　　　　　　　　　D. 双击鼠标右键

4. 在 Word 2010 中，如果使用了项目符号或编号，则项目符号或编号在（　　）时会自动出现。

　　A. 每次按 Enter 键　　　　　　　　B. 一行文字输入完毕并按 Enter 键

　　C. 按 Tab 键　　　　　　　　　　　D. 文字输入超过右边界

5. 在编辑 Word 文档时,要保存正在编辑的文件但不关闭或退出,则可按(　　　)键来实现。

    A. CTRL+S　　　　B. CTRL+V　　　　C. CTRL+N　　　D. CTRL+O

6. 在 Word 的编辑状态下,文档中有一行被选择,当按 Delete 或 Del 键后(　　)。

    A. 删除了插入点所在行

    B. 删除了被选择的一行

    C. 删除了被选择行及其之后的内容

    D. 删除了插入点及其前后的内容

7. 下列操作中,不能关闭 Word 的是(　　　)。

    A. 双击标题栏左边的"W"　　　　　　B. 单击标题栏右边的"×"

    C. 单击文件菜单中的"关闭"　　　　　D. 单击文件菜单中的"退出"

8. 在 Word 中,使用标尺可以直接设置缩进,标尺的顶部三角形标记代表(　　　)。

    A. 左端缩进　　　　B. 右端缩进　　　　C. 首行缩进　　　　D. 悬挂式缩进

二、填空题

1. 当输入的文本满一行时,文本会自动换行。如果要开始一个新的段落,需要按(　　　　　)键。

2. 利用(　　　　　　)对话框,可以对纸张大小、页边距、字符数、行数、纸张来源和版式等进行设置。

3. Word 2010 默认的视图方式是(　　　　　　)。

三、操作题

1. 将全文中的所有"《经济学家》"设为粗体,蓝色。

2. 将正文各段的行间距设置为 1.5 倍行距。

3. 在正文的第三段"在很多大企业中,现在……"这一句前插入"另外,"。

个人电脑时代行将结束?

    最新一期英国《经济学家》周刊载文预测,随着手持电脑、电视机顶置盒、智能移动电话、网络电脑等新一代操作简易、可靠性高的计算装置的迅速兴起,在未来五年中,个人电脑在计算机产业中的比重将不断下降,计算机发展史上个人电脑占主导地位的时代行将结束。

    该杂志引用国际数据公司最近发表的一份预测报告称,虽然目前新一代计算装置的销量与个人电脑相比还微不足道,但其销售速度在今后几年内将迅猛增长,在 2002 年前后其销量就会与个人电脑基本持平,此后还将进一步上升。以此为转折点,个人电脑的主导时代将走向衰落。

    《经济学家》分析认为,个人电脑统治地位的岌岌可危与个人电脑的发展现状有很大关系。对一般并不具备多少电脑知识的个人用户来说,现在的个人电脑操作显得过于复杂;而对很多企业用户来说,个人电脑单一的功能也无法满足迅速发展的网络电子商务对计算功能专门化、细分化的要求。现在在很多大企业中,常常采用个人电脑与功能强大的中央电脑相连的工作模式,但很多时候也造成很多不便和混乱。

任务二 表格设计与应用——制作求职简历

任务情景

　　李明同学马上就要毕业了，面临找工作的问题。简历是应聘工作的敲门砖，找工作首先需要准备一份个人简历，做出一份美观的个人简历将会使面试效果锦上添花。因此，李明同学迫切地找到老师寻求帮助，在老师的指导下，李明同学做好了一份心仪的求职简历。

任务目标及效果

图 6-13　封面效果

姓 名	李明	性 别	男	出生年月	1990.08	
民 族	汉族	**政治面貌**	中共党员	**户 籍**	甘肃武威	
学 制	三年	**学 历**	大专	**身 高**	175cm	
专 业	建筑工程技术		**毕业学院**	×××职业技术学院		

联系方式	**通信地址**	甘肃省武威市大靖镇	**邮政编码**	733103
	联系电话	187×××5346	E-mail	192×××782@qq.com

应聘职务	质检员

在校期间 担任职务	**大一学年** 大一学年担任班级班长。
	大二学年 大二学年担任地建系学生会组织部部长、团总支副书记、班长。
	大三学年 大三学年担任地建系学生会"学生会主席"

所获奖励	获得院级"优秀团员""优秀团干部"与系级"优秀学生干部"; 获得"二等奖学金"并通过国家计算机一级考试,获得英语等级考试证书等

社会实践 实习经历	2011 2012 年暑期在甘肃省古浪县×中心小学义务支教
	2012 年 3 月至 10 月在八冶公司实习

计算机等级	一级	专业技能证	质检员证

兴趣爱好	社交、体育运动、电脑、阅读、动手操作和接受新鲜事物

座右铭	是金子,总会发光的。

自我评价	性格内敛、沉稳,为人诚恳,做事踏实,积极乐观。长期担任主要学生干部, 有一定的管理工作经验,具有团队协作精神,考虑事情较为全面

图 6-14 简历表格效果

自 荐 书

尊敬的×××领导：

您好！来自×××职业技术学院的李明在此诚挚地自荐，希望将来有机会能够担任贵公司质检员一职。

....

....

....

....

....

....

..

....

....

....

也许转角就会遇到爱，正确的爱放对了位置才能流动起来，我爱公司，爱这份工作。爱付出不一定有结果，但坚持过的爱才有意义。希望我的这份热情有所释放，厚德载物，我有信心去承载起这份工作的责任和压力，将来有合适的机会，请领导们能够考虑我的申请。

此致

敬礼

自荐人：李明

2014 年 6 月 20 日

图 6-15　自荐书效果

任务分析

常用的求职简历分为三个部分，包括封面、自荐书和正文三个部分。正文用表格表达更为直观，所以本任务分为三个步骤去实施。

1. 创建封面。
2. 创建简历表格。
3. 书写自荐书。

知识链接

1. 创建表格

表格是由表示水平行与垂直列的直线组成的单元格,创建表格就是在文档中插入与绘制表格。Word 2010 主要通过执行"插入"选项标签的"表格"按钮,此按钮包括以下五种插入表格的方法。

图 6-16 表格选择框

（1）用"表格选择框"创建表格。

①将插入点移到需要插入表格的位置。

②执行"插入"选项标签|"表格"功能区|"表格"命令,子菜单如图 6-16 所示。

③按住鼠标左键,在"表格选择框"中拖动鼠标选择表格所需的行数和列数,松开鼠标,即可在插入点光标处插入一个表格。

（2）用"插入表格"对话框插入表格。

①将插入点移到需要插入表格的位置。

②执行"插入"选项标签|"表格"功能区|"表格"|"插入表格"命令,如图6-17 所示。

③选中"固定列宽"单选按钮,在其右边的数字框中键入或选择需要的列宽。

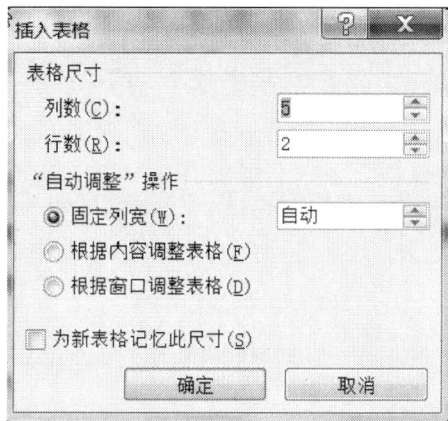

图 6-17 "插入表格"对话框

（3）用表格的"转换"功能快速生成表格。

对于按一定规则处理的文本内容,可以通过转换方式快速生成表格。

选定输入的文本,执行"插入"选项标签|"表格"功能区|"表格"命令,在子菜单中选择"文本转换成表格（V）"选项,弹出"将文字转换成表格"对话框;选择表格列数和文字分隔符,单击"确定"按钮,即可将输入的文本转换为规则表格。

（4）用"绘制表格"工具创建表格。

执行"插入"选项标签|"表格"功能区|"表格"命令，在子菜单中选择"绘制表格"选项，文档窗口中的鼠标指针变成铅笔形状，可以在页面上随意绘制自己需要的表格。

2. 编辑表格

编辑表格包括在表格中插入单元格、行或列，删除单元格、行或列，调整行高或列宽，移动、复制表格中单元格的内容等。

（1）在表格中插入行或列。

执行"布局"选项标签|"行和列"功能区|"在上方插入""在下方插入""在左侧插入""在右侧插入"命令，可以插入行或列，如图 6-18 所示。

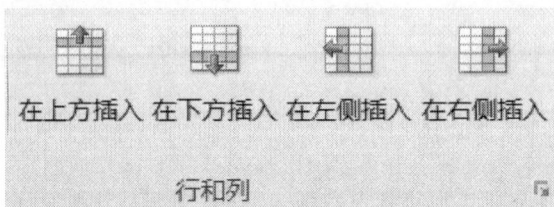

图 6-18 "行和列"功能区中插入行或列

（2）删除表格中的行或列。

执行"布局"选项标签|"行和列"功能区|"删除"命令，在子菜单中选择"删除单元格""删除列""删除行""删除表格"选项，如图 6-19 所示。

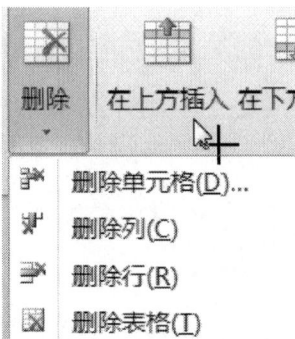

图 6-19 "行和列"功能区中删除选项

（3）调整表格列宽。

①在表格中选定需要修改的列。执行"布局"选项标签|"单元格大小"功能区中单击右下角的右下箭头 ，打开"表格属性"对话框，如图 6-20 所示。在"列"选项标签上修改被选定列的列宽，单击"前一列""后一列"修改其他列的列宽。修改完毕，单击"确定"按钮返回。

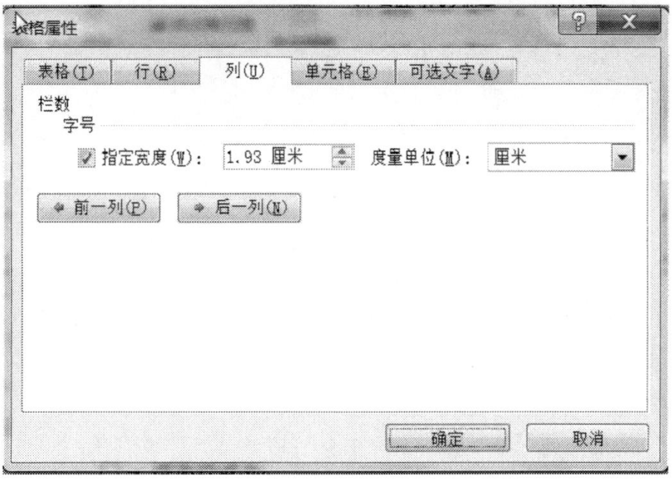

图 6-20 "表格属性"对话框中的"列"选项标签

②将鼠标指针移到表格列的竖线上,当指针变成"?"时,按住鼠标左键并拖动即可。

③执行"布局"选项标签 | "单元格大小"功能区 | "分布列"命令,可设置所选列的列宽相等。

(4)调整表格行高。

方法和调整列宽相似,在此不再赘述。

(5)单元格的合并与拆分。

合并单元格:选定要合并的单元格,执行"布局"选项标签 | "合并"功能区 | "合并单元格"命令。

拆分单元格:选定要拆分的单元格,执行"布局"选项标签 | "合并"功能区 | "拆分单元格"命令。

(6)拆分表格。

把插入点移到要作为新表格的第一行中,执行"布局"选项标签 | "合并"功能区 | "拆分表格"命令。

(7)缩放表格。

当鼠标指针移到表格中时,表格的右下方将出现 ┙ (表格缩放手柄),鼠标指针指向表格缩放手柄,形状为 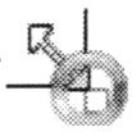 时,按下左键拖动即可缩放表格。

3. 美化表格

(1)设置单元格内容对齐方式。

选取单元格或整个表格,在行表格工具"布局"选项标签 | "对齐方式"功能区中选择所需的对齐方式,如图 6-21 所示。

(2)自动重复表格标题。

如果表格分开在各页上,可以设置在各页自动重复表格标题。

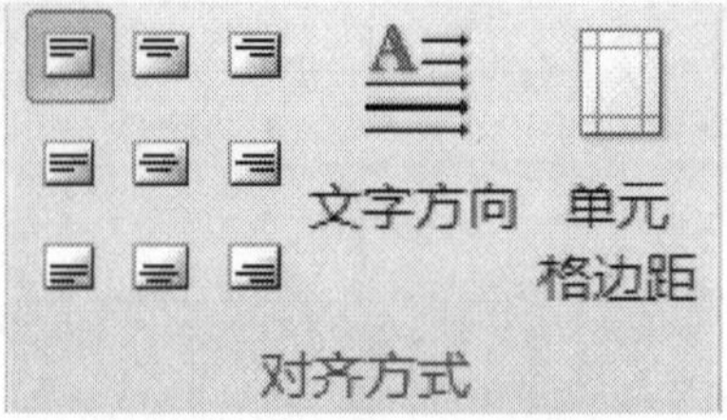

图 6-21 "对齐方式"功能区

方法：从表格第一行开始，选择要作为标题的一行或几行文本，执行表格工具"布局"选项标签的"数据"功能区|"重复标题行"命令。

(3)改变文字方向。

选取单元格，执行表格工具"布局"选项标签|"对齐方式"功能区|"文字方向"命令。

4. 插入封面

①执行菜单栏中"插入"|"封面"一栏，选择合适模板，进行修改加工，如图 6-22 所示。

图 6-22 封面模板

②执行"插入"选项标签|"插图"功能区|"图片"命令，选择"设置图片格式"|"版式"|"衬于文字下方"格式，然后进行文字加工，如输入"个人简历""姓名""学院""专业"和"联系方式"等相关信息。

任务实施

步骤一　创建封面

(1)新建 Word 2010 文档,将其命名为"个人简历"。

(2)执行"插入"选项标签|"插图"功能区|"图片"命令,打开"插入图片"对话框,找到如图 6-23 所示图片,单击"确定"按钮。

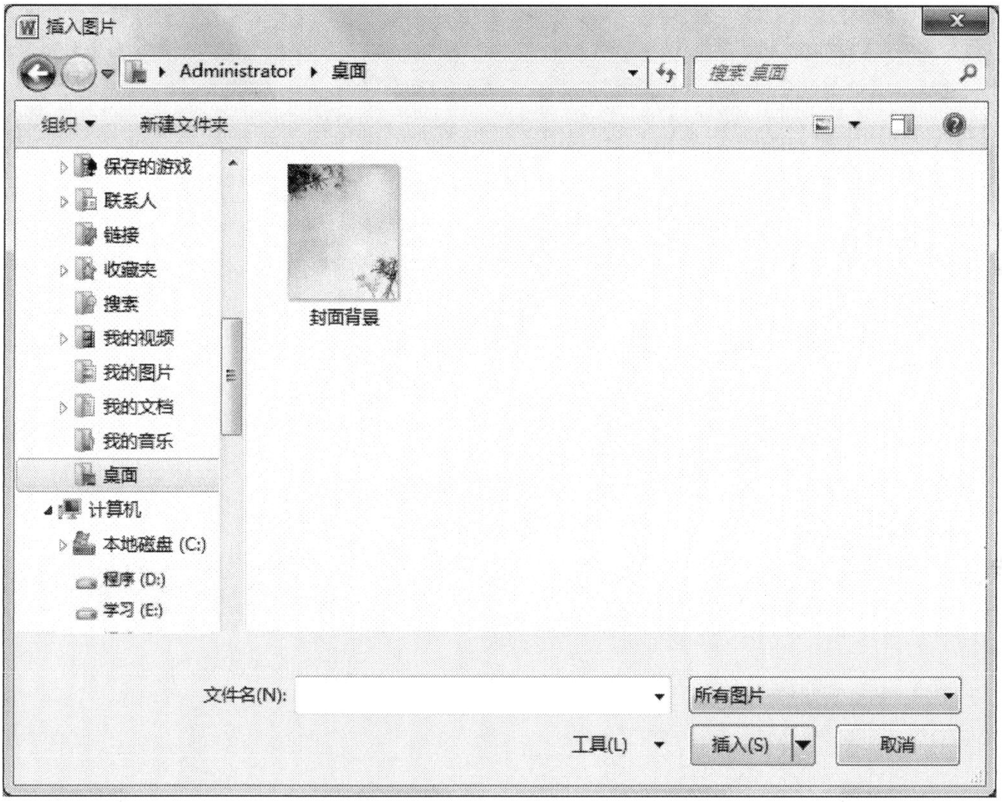

图 6-23　插入封面背景图

(3)执行"插入"选项标签|"文本"功能区|"艺术字"命令,选择第四排第二列的艺术字样式,输入标题"个人简历"。然后选中标题,将字体设为宋体、加粗、初号。

(4)再次执行上一步命令,输入图片上显示的文字,将字体设为楷体、加粗、二号,并将文本框移动到适当的位置,如图 6-24 所示。

图 6-24　简历封面

步骤二　创建个人简历表格

（1）创建标题。

输入"个人简历"标题，执行"开始"选项标签|"字体"功能区右下角的下拉菜单命令，打开"字体"对话框，在字体选项卡中，将"字体"改为宋体，"字号"改为二号，"字形"改为加粗，并在"高级"选项卡中将"间距"改为加宽，"磅值"为 10 磅，同时将复选项"为字体调整字间距"值改为 8，如图 6-25 所示，单击"确定"按钮。最后执行"开始"选项标签|"段落"功能区|

"居中"命令。

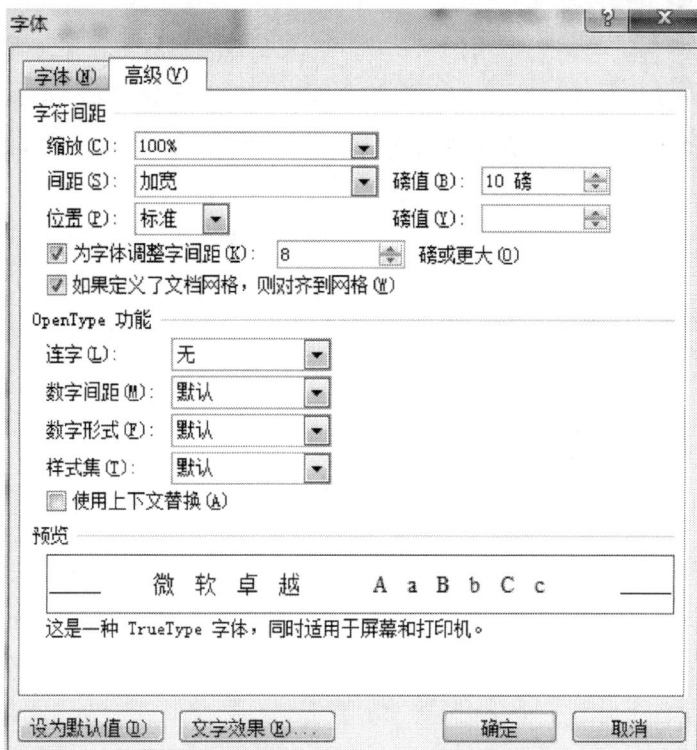

图 6-25　"字体"对话框

（2）插入表格。

执行"插入"选项标签|"表格"功能区|"插入表格"对话框命令，在"列数"和"行数"文本框中分别输入"6"和"3"，如图 6-26 所示。

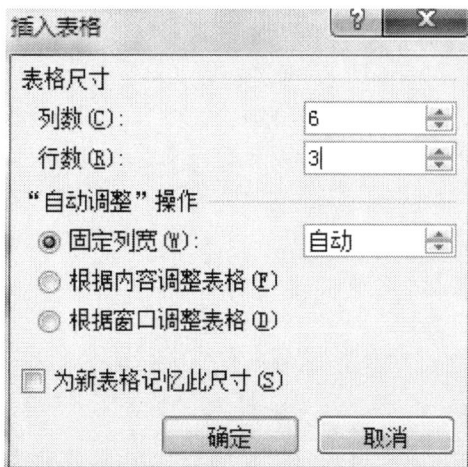

图 6-26　"插入表格"对话框

单击"确定"按钮,此时表格以所选择的样式插入到页面中。选择表格按钮,在菜单栏中选择"设计"命令,弹出表格种类,选择自己所需的样式。

(3)编辑、修改表格。

将指针停留在两列间的边框上,指针变为" +‖→ ",向左拖动边框到合适的宽度。我们可以事先在第一列中输入文本"应聘职务",拖动边框时以能容纳完此文本的宽度为准。如图6-27所示。

图 6-27　编辑、修改表格

我们使用拆分、合并单元格来修改表格结构。首先选中表格的第一行,单击右键,选择拆分单元格选项,在拆分单元格对话框中将"行数"改为"1","列数"改为"7",如图6-28所示。

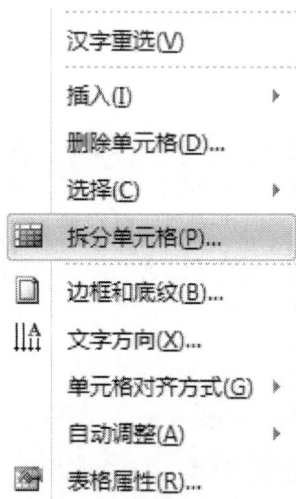

图 6-28　拆分单元格

后面的表格依照以上同样的方法进行拆分,将达到最终的效果。

(4)插入照片。

将光标定位在简历的照片单元格中,执行"插入"选项标签|"插图"功能区|"图片"命令,打开"插入图片"对话框,选择自己的头像点击"确定"按钮,见图6-29。

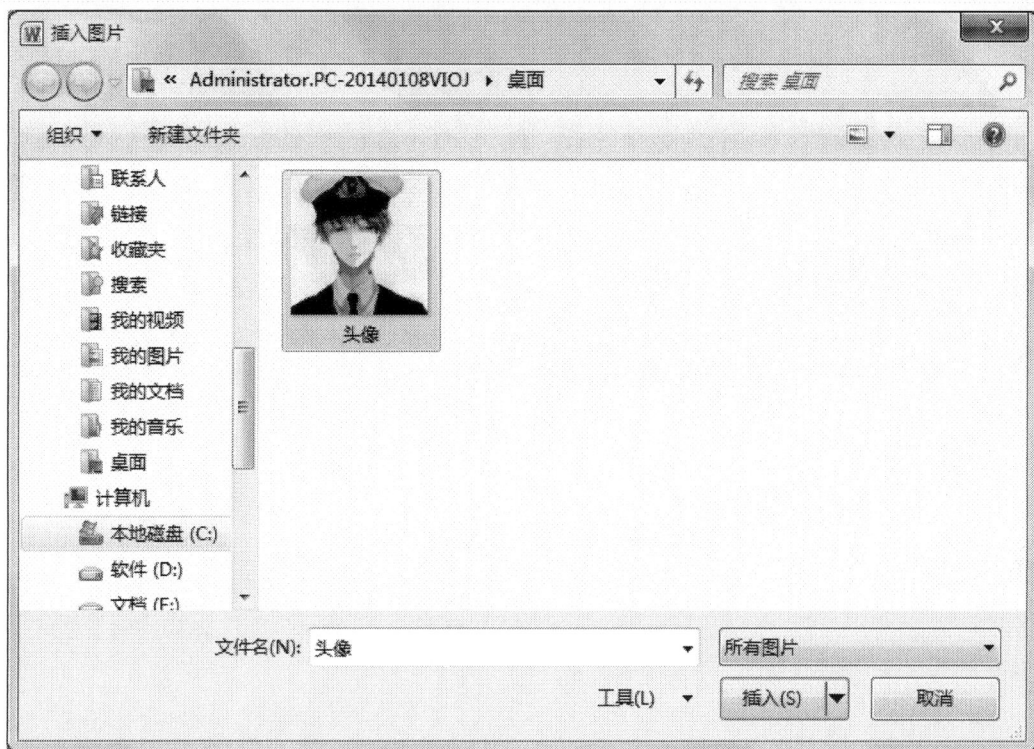

图 6-29 插入头像照片

技巧点拨

表格中单独一个单元格的调整方法：在拖动单元格的边框之前，先将要拖动的单元格选中，然后再进行单元格边框的调整，这样就可以避免在调整一个单元格大小的时候其他单元格也跟着一起变化的问题。

步骤三 书写自荐书

（1）在 Word 2010 文档中先输入自荐书标题，选中自荐书，执行"开始"选项标签 | "字体"功能区右下角箭头 | "字体"对话框 | 在"字体"选项卡中将字体设为华文新魏、二号、加粗，对齐方式为居中对齐。在"高级"选项卡中，将"字符间距"中"间距"项选择加宽、磅值 10磅，如图 6-30、图 6-31 所示。

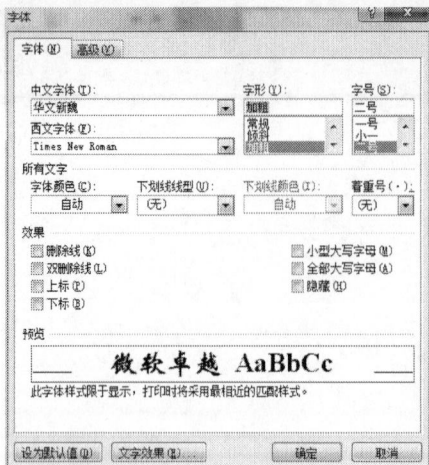

图 6-30 "字体"选项标签

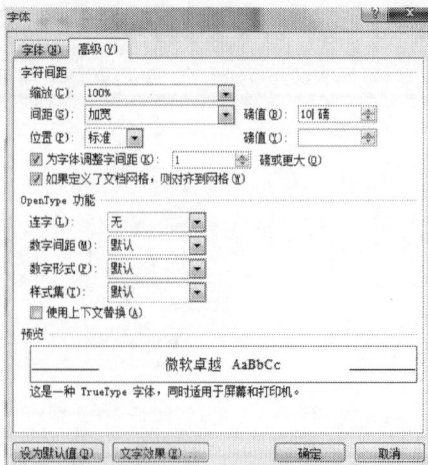

图 6-31 "高级"选项标签

（2）格式要求。

正文第一行"尊敬的×××领导："字体为幼圆、四号，对齐方式为左对齐。第二行"您好！"首行缩进两个字符，在结尾处"此致"左对齐，"敬礼"首行缩进两字符。当中每个段落均为首行缩进两个字符，行距设为 1.5 倍行距。

操作方法：选择段落，执行"开始"选项标签|"段落"功能区|单击 按钮，弹出"段落"对话框，将"特殊格式"改为首行缩进，磅值改为 2 磅，行距改为 1.5 倍行距，单击"确定"按钮，完成操作，如图 6-32 所示。

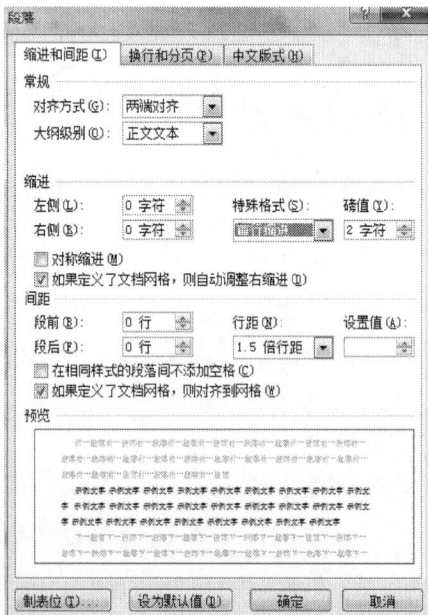

图 6-32 "段落"对话框

"自荐人：×××"与"×年×月×日"字体为幼圆、四号、右对齐。"自荐人：×××"段前间距设为1行。

操作方法：选中"自荐人：×××"与"×年×月×日"，执行"开始"选项标签|"段落"功能区|单击 ▣ 按钮，弹出"段落"对话框，将"对齐方式"改为右对齐，"段前"值设为1行，"行距"改为1.5倍行距，单击"确定"按钮，完成操作。最终效果如图6-33所示。

自 荐 书

尊敬的×××领导：

您好！来自×××职业技术学院的李明在此诚挚地自荐，希望将来有机会能够担任贵公司质检员一职。

....
....

....

....

....

....

..

....

....

....

....

也许转角就会遇到爱，正确的爱放对了位置才能流动起来，我爱公司，爱这份工作。爱付出不一定有结果，但坚持过的爱才有意义。希望我的这份热情有所释放，厚德载物，我有信心去承载起这份工作的责任和压力，将来有合适的机会，请领导们能够考虑我的申请。

此致

敬礼

自荐人：李明

2014年6月20日

图 6-33 自荐书效果

实战演练

一、单选题

1. 在 Word 文档中,默认的格式是(   )。
   A. 左对齐   B. 右对齐   C. 两端对齐   D. 居中

2. 选定整个文档,使用(   )组合键。
   A. Ctrl + A   B. Shift + A   C. Alt + A   D. Ctrl + Shift + A

3. 使用(   )可以进行快速格式复制操作。
   A. 编辑菜单   B. 段落命令   C. 格式刷   D. 格式菜单

4. 打开 Word 文档一般是指(   )。
   A. 把文档的内容从内存中读入并显示出来
   B. 为指定的文件开设一个新的、空的文档窗口
   C. 把文档的内容从磁盘调入内存并显示出来
   D. 显示并打印出指定文档的内容

5. 中文 Word 2010 是在(   )环境下运行的。
   A. DOS   B. UCDOS   C. 高级语言   D. Windows

6. 将当前编辑的 Word 文档转存为其他格式的文件时,应使用"文件"菜单中的(   )命令。
   A. 保存   B. 页面设置   C. 另存为   D. 发送

7. 当输入一个 Word 文档到右边界时,插入点会自动移到下一行最左边,这是 Word 的(   )功能。
   A. 自动更正   B. 自动回车   C. 自动格式   D. 自动换行

8. 在 Word 中,要使文字环绕和图片叠加,应在插入的图片格式中选择(   )方式。
   A. 四周型环绕   B. 紧密型环绕   C. 无环绕   D. 上下型环绕

9. 在 Word 编辑状态下,选定整个表格,执行"表格"菜单中的"删除行"命令,则(   )。
   A. 整个表格被删除   B. 表格中的一行被删除
   C. 表格中的一列被删除   D. 表格中没有被删除的内容

10. 在文本编辑时,可用(   )键和方向键选择多个字符。
    A. Ctr   B. Tab   C. Shift   D. Alt

二、填空题

1. 在 Word 2010 中有(   )视图、(   )视图、(   )视图、(   )视图与(   )视图。

2. 按(   )组合键可以使插入点回到文档的开始部分。

3. 在 Word 中,只有在(   )视图下可以显示出水平标尺和垂直标尺。

4. 在输入文档时,按 Enter 键后,将产生(   )符号。

三、简答题

1. 怎样在 Word 文档中插入图片？如何修改图片的大小？

2. 如何在 Word 文档中插入一个表格？怎样拆分和合并单元格？

3. 如何在 Word 文档中选定一句、一行、多行、一个段落、多个段落和整个文本？

四、操作题

在 Word 2010 中以表格为载体，制作一个学生学籍证明申请审批表，效果如图 6-34 所示。

×××职业技术学院
学 生 学 籍 证 明 申 请 审 批 表
(NO:　　　)　　　申请日期：　　年　月　日

姓名		性别		身份证号	
系别		班级		学号	

申请开具证明事由：

证明的出处（详细地址）：

　　　　　　　　　　　　　　　　申请人签名：

　　　　　　　　　　　　　　　　　　年　月　日

班主任签名： 　　　年　月　日	学生处签字（盖章）： 　　　年　月　日

注：此表按虚线裁剪，在完成审核手续后将存根留学生处存档。

学 生 学 籍 证 明 书

　　同学，性别_____，系我院_____系_____

专业_____级_____班在籍学生，身份证号_____，

学号_____。

　　特此证明。

　　　　　　　　　　　　　　　　×××职业技术学院

　　　　　　　　　　　　　　　　　学 生 处

　　　　　　　　　　　　　　　　　年　　月　　日

图 6-34　学生学籍证明申请审批样式

任务三　图文混排——制作宣传海报

　　　　小张同学是院学生会宣传部部员。最近,学院要组织"校园歌手大赛"活动。小张想利用电脑做一个宣传海报,通过微博、贴吧等网络媒体宣传本次歌手大赛活动。小张在老师的指导之下,完成了宣传海报的制作,也掌握了用 Word 制作宣传海报的一些知识,有了很大的收获。

任务目标及效果

　　宣传海报是广告宣传中最大众化的媒介形式,它是企业在宣传产品或服务时经常用到的一种印刷品。不少企业在计划印刷宣传海报时要花费比较多的资金,并要请专业的制作机构来设计和印刷。如果掌握一定的设计知识和制作技巧,在 Word 中也可以设计出比较简洁且具有吸引力的宣传海报。

　　在 Word 2010 中,不仅可以插入图片、形状等元素,还可以对宣传口号等文本信息应用艺术字和文本框。这样,就可以像拖动图片一样,自由地控制文本的位置,使用艺术字和文本框来优化文字效果,从而制作出比较精美的宣传海报,如图 6-35 所示。

图 6-35　宣传海报效果

任务分析

1. 设置版面,并填充背景。

2. 插入艺术字,制作标题。

3. 插入图片,并调整其格式,使其显示在适当位置。

4. 插入文本框,输入文字,对文字进行格式设置,设置文本框格式,调整其位置,使其与背景相配,富有视觉感。

5. 插入形状,对宣传海报进一步修饰。

知识链接

Word 2010 具有很强的图文处理能力,能在文档中很方便地插入图片、文本框、艺术字以及绘制和修改形状,利用各种效果展示文档的内容,使其更加生动、美观,给人留下深刻印象。

1. 插入与编辑图片

(1)插入图片。

图片的来源主要分为两大类:来自 Word 的"剪辑库",或者来自用户文件。

插入剪贴画:执行"插入"选项标签|"插图"功能区|"剪贴画"命令。

同样,插入来自用户文件的图片也是一样,执行"插入"选项标签|"插图"功能区|"图片"命令。

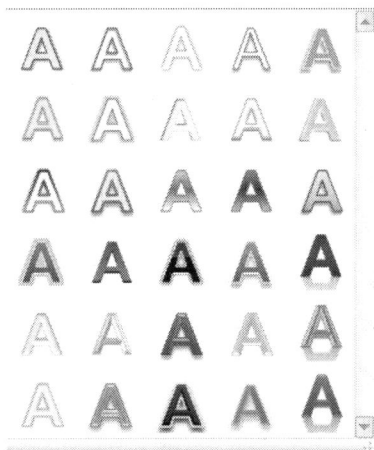

图 6-36　艺术字样式

(2)编辑图片。

图片被选定后,利用"图片工具"|"格式"选项标签中相应的按钮,可以编辑图片的图像特性,例如,调整图片的对比度和亮度,为图片加边框,利用"重新着色"按钮可以将图片设置为"自动""灰度""黑白""冲蚀""设置透明色"五种效果。

2. 插入艺术字

执行"插入"选项标签|"文本"功能区|"艺术字"命令,在下拉列表中选择相符的艺术字样式,如图 6-36 所示。

3. 添加文本框

执行"插入"选项标签|"文本"功能区|"文本框"命

令,在下拉列表中选择相符的文本框样式,如图 6-37 所示。

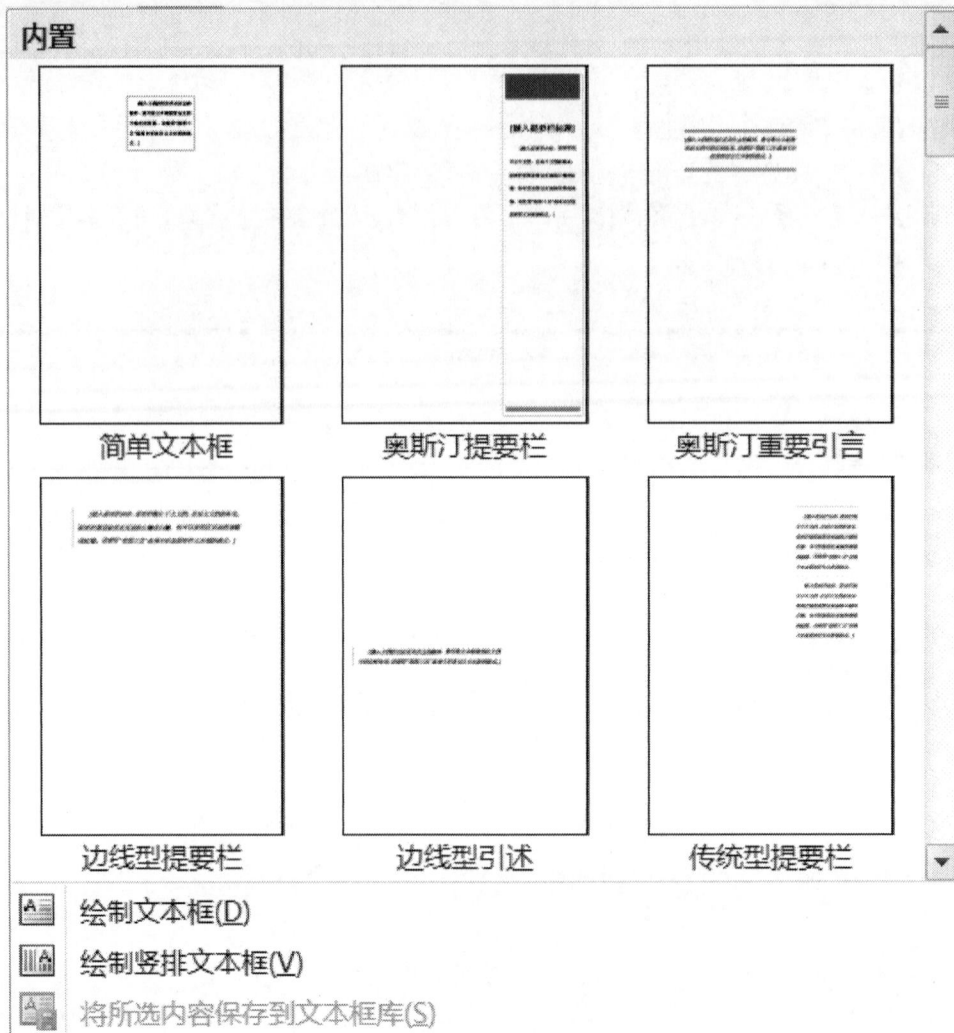

图 6-37　文本框样式

4. 插入形状

执行"插入"选项标签|"插图"功能区|"形状"命令,在下拉列表中选择相符的形状样式,如图 6-38 所示。

5. 插入 SmartArt 图形

执行"插入"选项标签|"插图"功能区|"SmartArt"命令,在下拉列表中选择符合的图形类型,如图 6-39 所示。

图 6-38 形状样式

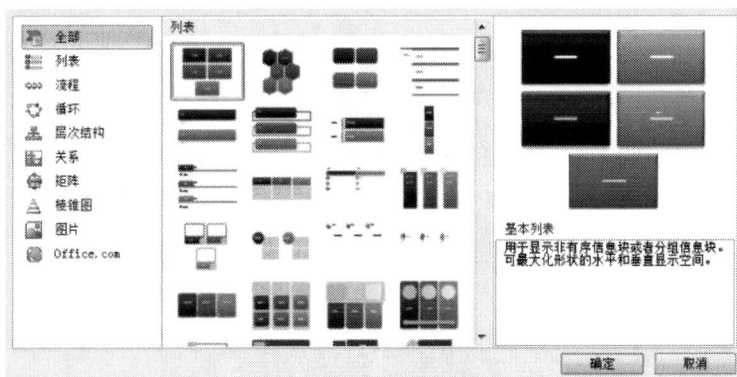

图 6-39 SmartArt 图形样式

任务实施

步骤一　设置版面，填充背景

（1）启动 Word 应用程序，执行"页面布局"选项标签│"页面设置"功能区右下角箭头 <img>，打开"页面设置"对话框，选择"页边距"选项卡，将选项卡中的"上""下""左""右"页边距数值框中均输入"1.68 厘米"，在"方向"区域中选择"横向"，如图 6-40 所示。

图 6-40　"页边距"选项标签

（2）执行"页面布局"选项标签│"页面背景"功能区│"页面颜色"命令，单击"填充效果"按钮，打开"效果填充"对话框，如图 6-41、图 6-42 所示。

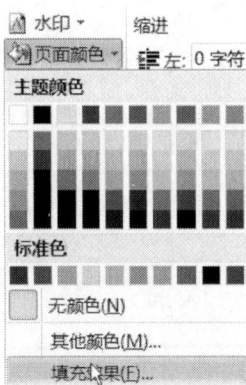

图 6-41　选择"填充效果"按钮

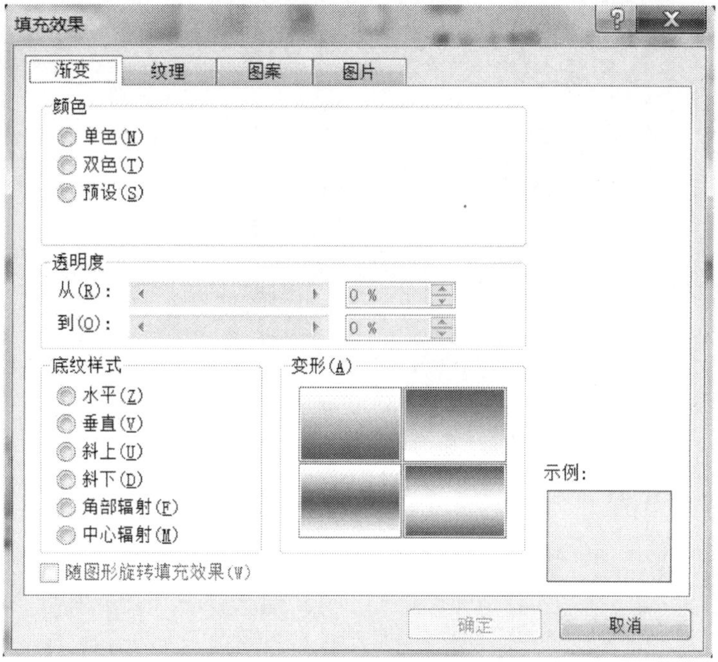

图 6-42 "渐变"选项标签

（3）在"填充效果"对话框中执行"插图"功能区|"选择图片"命令，在"图片选择"窗口中找到准备好的素材背景图片，如图 6-43 所示，选定后单击"插入"按钮，返回"效果填充"对话框，示例中选择要插入的背景图片，如图 6-44 所示，再单击"确定"按钮。

图 6-43 选择背景图片

图 6-44　填充图片效果

步骤二　插入标题艺术字

执行"插入"选项标签|"文本"功能区|"艺术字"命令,选择合适的艺术字样式单击,如图 6-45 所示,弹出如图 6-46 所示的文本框。

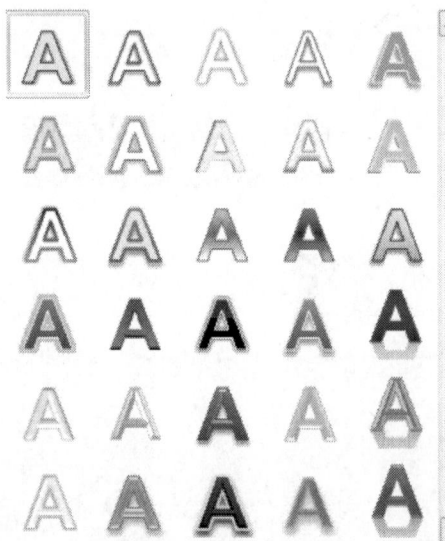

图 6-45　艺术字样式

图 6-46　编辑艺术字

　　在文本框中输入"校园歌手大赛选手简介"，设置适当的字体格式并拖动至页面左上角适当位置，如图 6-47 所示。

图 6-47　插入艺术字效果

步骤三　插入选手图片

执行"插入"选项标签|"插图"功能区|"图片"命令弹出"插入图片"窗口，在窗口中选择自己提前准备好的选手照片素材，如图 6-48 所示，单击"插入"，依照此方法依次完成其他选手照片的插入。

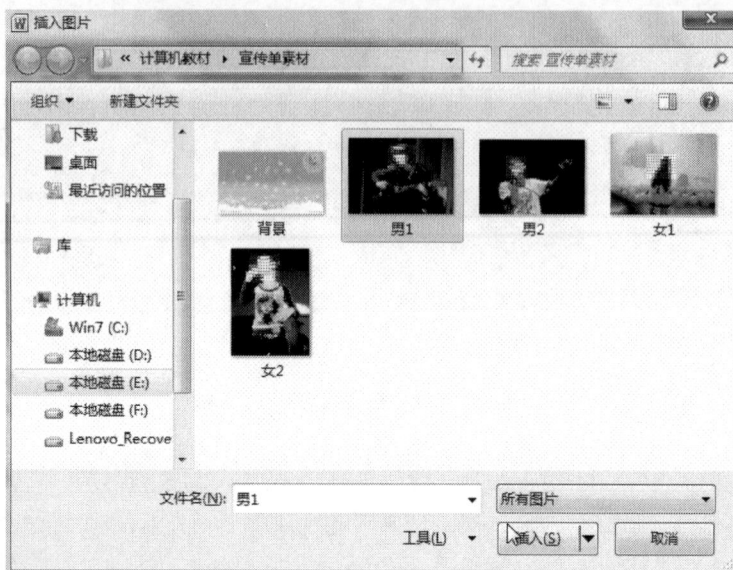

图 6-48　"插入图片"窗口

选定插入的图片，执行"页面布局"选项标签|"自动换行"|"四周型环绕"命令，如图 6-49 所示，然后调整图片大小并移动到适当位置，依次完成其他选手照片的大小调整和位置移动，如图 6-50 所示。

图 6-49　设置图片版式

图 6-50　调整图片位置

步骤四　插入文本框

执行"插入"选项标签|"文本"功能区|"文本框"|"简单文本框"命令,弹出如图 6-51 所示的文本框。

图 6-51　编辑文本框

在文本框中输入选手简介内容,设置好合适的字体格式,如图 6-52 所示。

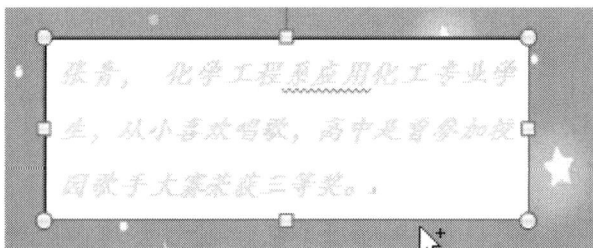

图 6-52　在文本框中输入文字

选定文本框双击,执行"形状填充"|"无填充颜色"命令,如图 6-53 所示,再执行"形状轮廓"|"无轮廓"命令,如图 6-54 所示。

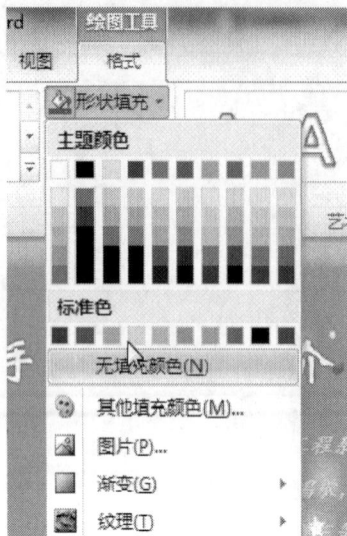

图 6-53　设置文本框背景颜色　　　　　图 6-54　设置文本框边框

选定文本框，执行"页面布局"选项标签|"排列"功能区|"自动换行"|"四周型环绕"命令，然后调整文本框的大小并将其移动至选手照片素材相应的位置，如图6-55 所示。

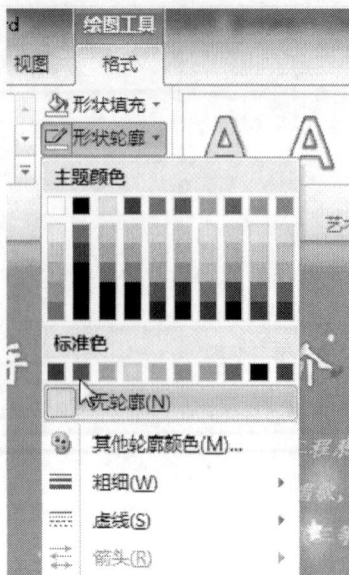

图 6-55　调整文本框位置

依次完成其他文本框的插入和设置，完成所有选手的选手简介，并完成校园歌手大赛简介的文本框插入和设置，完成所有文本框的插入任务，如图 6-56 所示。

图 6-56 插入文本框效果

步骤五 插入形状

执行"插入"选项标签│"插图"功能区│"形状"│"圆角矩形"命令,选定插入的形状并双击,执行"形状填充"│"无填充颜色"命令,调整其大小,并移动其位置使其正好与图片和文字相结合,如图 6-57 所示。

图 6-57 插入"圆角矩形"形状

执行"插入"选项标签│"插图"功能区│"形状"│"太阳形"命令,插入形状,设定合适的颜色并移动位置,多次重复插入,完成如图 6-58 所示的效果。

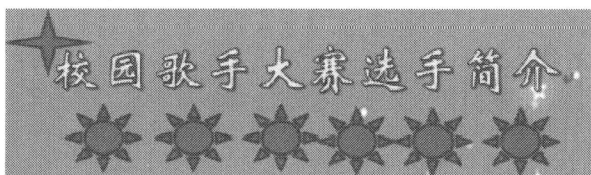

图 6-58 插入"太阳形"形状

插入其他形状,对宣传海报进行修饰,完成制作,最终效果如图 6-59 所示。

图 6-59　宣传海报效果

实战演练

一、选择题

1. 下列有关形状的说法不正确的是(　　　)。

　　A. 形状也是图形对象

　　B. 形状里可以添加文字

　　C. 形状里可以填充纹理、图案

　　D. 形状是不可旋转的

2. 对多个图形对象进行组合操作,选取他们要按住键盘上的(　　　)键。

　　A. Enter　　　　　　B. Ctrl　　　　　　C. Shift　　　　　　D. Alt

3. Word 文档中的图形对象不包括(　　　)。

　　A. 形状　　　　　　B. 曲线和线条　　　　C. 艺术字　　　　　D. 表格

4. 如果文档很长,可采用 Word 提供的(　　　)技术,同时在同一文档中滚动查看不同部分。

　　A. 滚动条　　　　　B. 拆分窗口　　　　　C. 排列窗口　　　　D. 帮助

5. Word 的录入原则是(　　　)。

　　A. 可任意加回车键、空格键

　　B. 可任意加空格键,不可任意加回车键

　　C. 可任意加回车键,不可任意加空格键

D. 不可任意加回车键、空格键

二、填空题

1. 插入图形可以（　　　　）、（　　　　）、（　　　　）、（　　　　）以及组合以生成更复杂的图形。

2. Word 提供了两种类型的文本框（　　　　）和（　　　　）。

3. 通过"艺术字"工具命令集上的（　　　　）、（　　　　）、（　　　　）、（　　　　）等命令组按钮，可以对艺术字做进一步的班级工作。

4. 在 Word 中，选定一个矩形区域的操作是将光标移动到待选择的文本的左上角，然后按住（　　　　）键和鼠标左键拖动到文本块的右下角。

5. 在 Word 文档编辑中，可以使用（　　　　）快捷键，在文档的指定位置强行分页。

三、操作题

制作如图 6-60 所示的文档。

图 6-60　贺卡

任务四 综合应用——毕业论文排版

小王同学即将大学毕业，毕业前需要做的最后一件事便是完成毕业论文。毕业论文文档不仅篇幅长，格式多，而且处理起来也要比一般的文档复杂，如对章节和正文等快速设置相应的格式、自动生成目录、为奇偶页创建不同的页码和页脚等。这些都是小王从来没有遇到的问题，不得已他只好去请教计算机老师，最后在计算机老师的指导下，顺利地完成了毕业论文的排版工作。

任务目标及效果

在 Word 2010 中输入自己的毕业设计，并编辑使其出现如图 6-61、图 6-62、图 6-63 所示的效果。

×××职业技术学院

毕业论文（设计）

专　　业：　电气自动化

班　　级：　电气1101班

学生姓名：　王小山

指导教师：　×××

二○一四年 六 月

图 6-61 封面效果

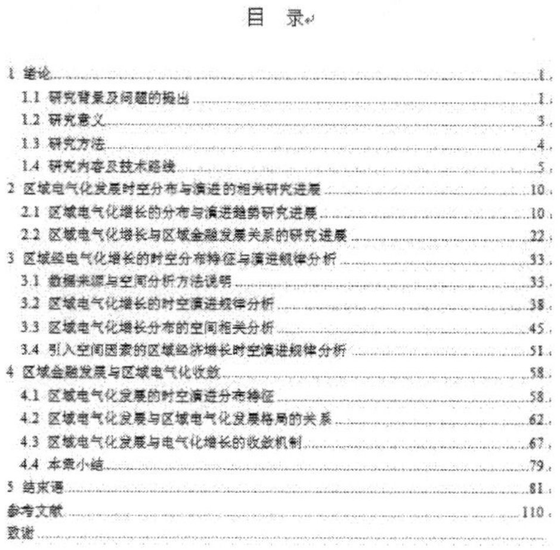

目 录

1 绪论……1
1.1 研究背景及问题的提出……1
1.2 研究意义……3
1.3 研究方法……4
1.4 研究内容及技术路线……5
2 区域电气化发展时空分布与演进的相关研究进展……10
2.1 区域电气化增长的分布与演进趋势研究进展……10
2.2 区域电气化增长与区域金融发展关系的研究进展……22
3 区域经电气化增长的时空分布特征与演进规律分析……33
3.1 数据来源与空间分析方法说明……33
3.2 区域电气化增长的时空演进规律分析……38
3.3 区域电气化增长分布的空间相关分析……45
3.4 引入空间因素的区域经济增长时空演进规律分析……51
4 区域金融发展与区域电气化收敛……58
4.1 区域电气化发展的时空演进分布特征……58
4.2 区域电气化发展与区域电气化发展格局的关系……62
4.3 区域电气化发展与电气化增长的收敛机制……67
4.4 本章小结……79
5 结束语……81
参考文献……110
致谢……

图 6-62 目录效果

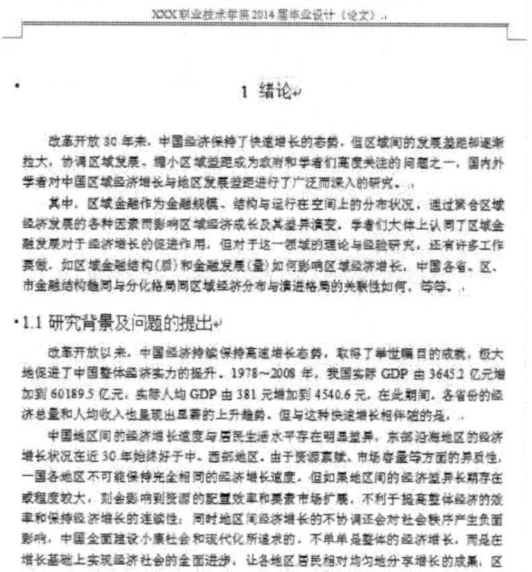

XXX职业技术学院2014届毕业设计（论文）

1 绪论

改革开放30年来，中国经济保持了快速增长的态势，但区域间的发展差距却逐渐拉大，协调区域发展、缩小区域差距成为政府和学者们高度关注的问题之一，国内外学者对中国区域经济增长与地区发展差距进行了广泛而深入的研究。

其中，区域金融作为金融规模、结构与运行在空间上的分布状况，通过聚合区域经济发展的各种因素而影响区域经济成长及其差异演变。学者们大体上认同了区域金融发展对于经济增长的促进作用，但对于这一领域的理论与经验研究，还有许多工作要做，如区域金融结构(质)和金融发展(量)如何影响区域经济增长，中国各省、区、市金融结构趋同与分化格局同区域经济分布与演进格局的关联性如何，等等。

1.1 研究背景及问题的提出

改革开放以来，中国经济持续保持高速增长态势，取得了举世瞩目的成就，极大地促进了中国整体经济实力的提升。1978~2008年，我国实际GDP由3645.2亿元增加到60189.5亿元，实际人均GDP由381元增加到4540.6元，在此期间，各省份的经济总量和人均收入也呈现出显著的上升趋势。但与这种快速增长相伴随的是，

中国地区间的经济增长速度与居民生活水平存在明显差异，东部沿海地区的经济增长状况在近30年始终好于中、西部地区。由于资源禀赋、市场容量等方面的异质性，一国各地区不可能保持完全相同的经济增长速度，但如果地区间的经济差异长期存在或程度较大，则会影响到资源的配置效率和要素市场扩展，不利于提高整体经济的效率和保持经济增长的连续性；同时地区间经济增长的不协调还会对社会秩序产生负面影响，中国全面建设小康社会和现代化所追求的，不单单是整体的经济增长，而是在增长基础上实现经济社会的全面进步，让各地区居民相对均匀地分享增长的成果，区

图 6-63 正文效果

任务分析

1. 对论文的页面格式进行修改，包括纸张、页边距、页眉页脚、页边的距离、装订线等。

2. 为论文插入页眉、页脚。

3. 对论文的文档格式进行修改，其中包括“摘要”“关键词”等特殊词。

4. 对毕业论文进行样式修改。

5. 论文自动生成目录。

6. 完成所有操作要求后，对论文进行打印设置并打印。

知识链接

1. *设置页眉与页脚*

在页眉与页脚中，主要可以设置文档页码、日期、单位名称、作者姓名等内容。

(1)插入页眉与页脚。

执行“插入”选项标签|“页眉与页脚”功能区|“页眉”命令，在列表中选择选项就可以为文档插入页眉。同样，执行“页脚”命令，在列表中“选择”选项就可以为文档插入页脚。

(2)更改页眉与页脚。

执行“插入”选项标签|“页眉与页脚”功能区|“页眉”|“编辑页眉”命令，更改页眉内容。

同样,执行"页脚"命令,选择"编辑页脚"更改页脚内容。

(3)删除页眉与页脚。

执行"插入"选项标签|"页眉与页脚"功能区|"页眉"|"删除页眉"命令,删除页眉内容。同样,执行"页脚"命令,选择"删除页脚"删除页脚内容。

2. 设置分页与分节

(1)分页功能。

使用"页"功能区。首先将光标放置于要分页的位置,然后执行"插入"选项标签|"页"功能区|"分页"命令。

使用"页面设置"功能区。首先将光标放置于要分页的位置,然后执行"页面布局"选项标签|"页面设置"功能区|"分隔符"|"分页符"命令。

(2)分节功能。

执行"页面布局"选项标签|"页面设置"功能区|"分隔符"|"连续"选项命令。

3. 修改样式

执行"开始"选项标签|"样式"功能区|"更改样式"命令选择需要的样式、颜色、字体以及段落间距。

4. 生成目录

执行"引用"选项标签|"目录"功能区|"插入目录"命令。

5. 页面设置

执行"页面布局"选项标签|"页面设置"右下角箭头,弹出"页面设置"对话框,如图 6-64 所示。"页面设置"对话框包括"页边距""纸张""版式"和"文档网格"四个选项标签。每个选项标签对应相应的设置。

图 6-64 "页面设置"对话框

任务实施

> **页面格式要求**
>
> 纸型：A4 纸，单面打印。
>
> 页边距：上 3 厘米，下 2.5 厘米，左 3 厘米，右 2.5 厘米。
>
> 页眉距离页边 2 厘米，页脚距离页边 1.75 厘米。
>
> 装订线：0 厘米，左侧装订。

步骤一　页面格式设置

打开毕业论文，在 Word 操作窗口中找到"页面布局"菜单，单击该菜单找到"页面设置"中的按钮，单击进入"页面设置"对话框，在"页面设置"对话框"纸张"选项标签中选择纸张大小为 A4，如图 6-65 所示。

在"页面设置"对话框"页边距"选项标签中调整页边距，"页边距"上 3 厘米，下 2.5 厘米，左 3 厘米，右 2.5 厘米，"纸张方向"选择横向，"装订线"设置为 0 厘米，"装订线位置"选择左，如图 6-66 所示。

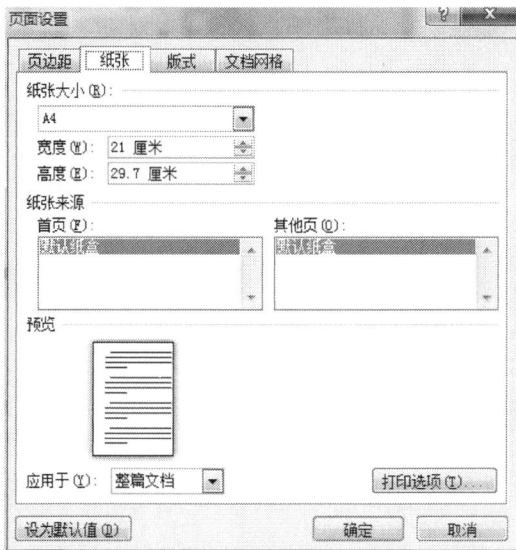

图 6-65　"纸张"选项标签　　　　图 6-66　"页边距"选项标签

在"页面设置"对话框"版式"选项标签中设置页眉距边界 2 厘米，页脚距边界 1.75 厘米，如图 6-67 所示。

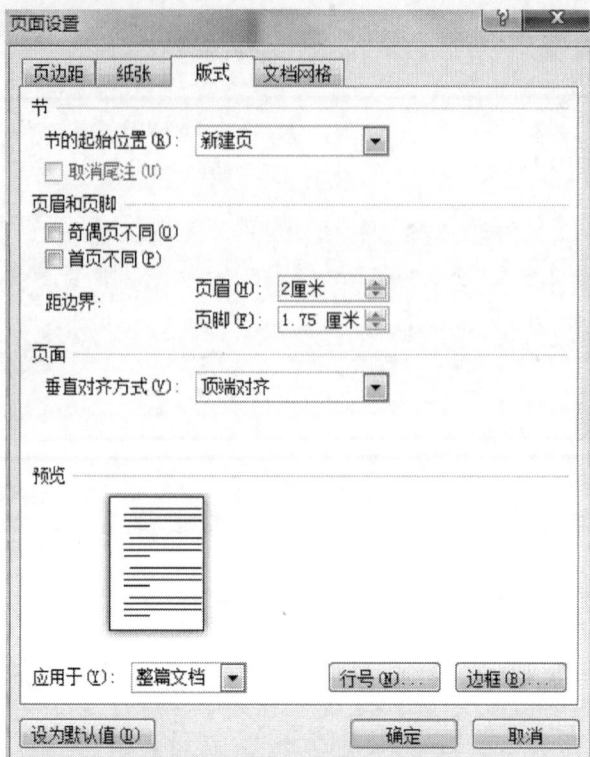

图 6-67 "版式"选项标签

步骤二 插入页眉页脚

页眉页脚格式要求

页眉:2 厘米,内容为"×××职业技术学院 2014 届毕业设计(论文)",采用五号宋体、居中。

页脚:1.75 厘米,页码为阿拉伯数字,五号宋体,居中。

执行"插入"选项标签|"页眉"功能区|"编辑页眉"命令,输入"×××职业技术学院 2014 届毕业论文(设计)",设置为五号宋体,居中,如图 6-68 所示。

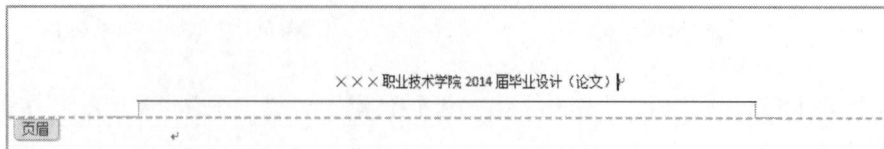

图 6-68 编辑页眉

执行"插入"选项标签|"页眉和页脚"功能区|"页脚"|"编辑页脚"命令,在执行页眉和页脚设计中执行"页码"|"页面底端"|"普通数字"命令,继续执行"页码"|"设置页码格式"弹出页码格式对话框选择适当的格式编号,设置好适当的页面起始页,单击"确定"按钮,完成页脚设置,如图 6-69 所示。

图 6-69　编辑页脚

步骤三　样式格式设置

样式格式要求:

　　第一级标题:要另起一页,用三号黑体居中,行间距 20 磅,段前 18 磅,段后 30 磅,数字与标题之间空一格。

　　第二级标题:四号黑体,行间距 20 磅,段前 0.5 行,段后 0.5 行。

　　第三级标题:小四号黑体,行间距 20 磅,段前 0.5 行,段后 0.5 行。

　　正文:小四号宋体,段落行间距为 20 磅,段前段后均为 0。首行缩进两个中文字符。

　　摘要:"摘要"两字为三号黑体,居中,行间距 20 磅,段前 18 磅,段后 30 磅,两字间空两个中文字符。摘要内容为小四号宋体。英文摘要"ABSTRACT"为三号 Times New Roman,内容为小四号 Times New Roman。

　　关键词:关键词要与上文空一行,"关键词"三字为小四号宋体加粗,紧随其后为关键词,采用小四号宋体。"Key words"一词为小四号 Times New Roman 加粗。

执行"开始"选项标签|"样式"功能区|右击"标题 1"|"修改"命令,打开样式修改对话框,如图 6-70 所示,设置字体为三号黑体居中,行间距 20 磅,段前 18 磅,段后 30 磅,数字与标题之间空一格。

执行"开始"选项标签|"样式"功能区|右击"标题 2"|"修改"命令,在样式修改对话框中设置字体为四号黑体,行间距 20 磅,段前 0.5 行,段后 0.5 行,序数顶格书写。

执行"开始"选项标签|"样式"功能区|右击"标题 3"|"修改"命令,在样式修改对话框中设置字体为小四号黑体,行间距 20 磅,段前 0.5 行,段后 0.5 行,序数顶格书写。

执行"开始"选项标签|"样式"功能区|右击"正文"|"修改"命令,在样式修改对话框中设置字体为小四号宋体,段落行间距为 20 磅,段前段后均为 0。首行缩进两个中文字符。

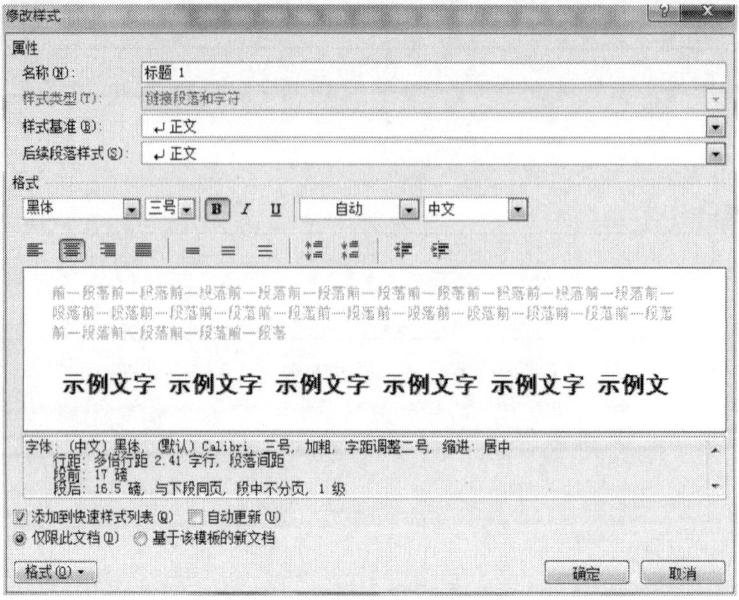

图 6-70 "修改样式"对话框

步骤四 目录的生成与设置

目录格式要求：

"目录"两字为三号黑体，下空两行为各级标题及其开始页码，一级标题采用小四号黑体，其余采用小四号宋体。页码放在行末，目录内容和页码之间用虚线连接，低级标题比高级标题缩进两个中文字符。

选定"毕业论文（设计）的结构"单击"标题 1"，依次类推对各级标题运用适当的标题样式。将光标移动到文本适当位置，输入"目录"。

按 Enter 键让光标移动到下一行，执行"引用"|"目录"|"插入目录"命令，打开目录对话框，如图 6-71 所示，显示级别设为 3，单击"确定"按钮，完成目录生成。

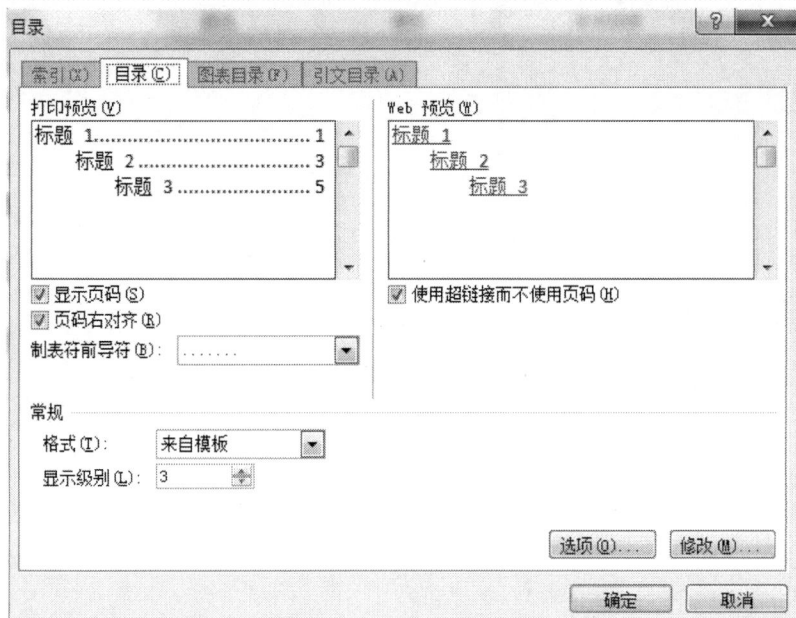

图 6-71 "目录"对话框

实战演练

一、单选题

1. 如果要将某个新建样式应用到文档中,以下哪种方法无法完成样式的应用( )。

　　A. 使用快速样式库或样式任务窗格直接应用

　　B. 使用查找与替换功能替换样式

　　C. 使用格式刷复制样式

　　D. 使用 CTRL＋W 组合键重复应用样式

2. 用户可以在文档的页面顶端、页面底端、( )与当前位置插入页码。

　　A. 页边距　　　　　　　　　B. 页眉

　　C. 页脚　　　　　　　　　　D. 文档中

3. 在更新目录时,按( )键,可以直接更新目录。

　　A. F9　　　　　　　　　　　B. F10

　　C. F6　　　　　　　　　　　D. F12

4. 在"分栏"对话框中设置"栏数"时,其列数值的范围是( )。

　　A. 1～10　　　　　　　　　B. 1～13

C. 1～15　　　　　　　　D. 1～20

二、填空题

1. Word 2010 默认的视图方式是（　　　　　）。

2. 当输入的文本满一行时,文本会自动换行。如果要开始一个新的段落,需要按（　　　　　）键。

3. 利用（　　　　　）对话框,可以对纸张大小、页边距、字符数、行数、纸张来源和版式等进行设置。

4.（　　　　　）和（　　　　　）分别位于文档页面的顶部或底部的页面边距中,常常用来插入页码、（　　　　　）、日期等文本。

5. 用户设定的页眉、页脚必须在（　　　　　）方式或打印预览中才能看到。

三、简答题

1. 如何在 Word 中设置页眉和页脚?

2. 在 Word 文档中,格式和样式、模板和样式、向导和模板各有什么异同? 如何应用?

四、操作题

输入并编排一篇文章,如设置标题和正文文本的字符和段落格式,为所选文本添加底纹,为文档添加页面边框,并为其添加页眉内容为"×××职业技术学院"。

任务五　Word 2010 邮件合并——打印录取通知书

任务情景

在日常工作中,经常需要将信件或报表发送到不同单位和个人,这些信件或报表的主要内容基本相同,只是称谓或具体数据不同,为了减少重复工作,提高效率,可以使用 Word 2010 提供的邮件合并功能。比如,×××职业技术学院每年录取很多名学生,需要为每一位同学寄一份录取通知书。这就意味着学院需要首先准备很多份录取通知书,但一份份打印肯定麻烦,利用 Word 2010 邮件合并功能可以轻松解决该问题。

×××职业技术学院　　【录取通知书】

NO：1120304

身份证号：613438769810151123

考生号：1162211503

照片

张晓红　同学：

　　经审核批准，你被录取到我院（统招）　　　　冶金专业　　　　专业（高职、

专科），学制 叁 年，请于 2011 年 9 月 15 日至 9 月 16 日，持录取通知书、身份证和高考准考证

来我院报到，逾期不予报到。

本院是教育部批准的
具有高等学历教育招生资格的
普 通 高 等 院 校

×××职业技术学院

二〇一一年八月二十三日

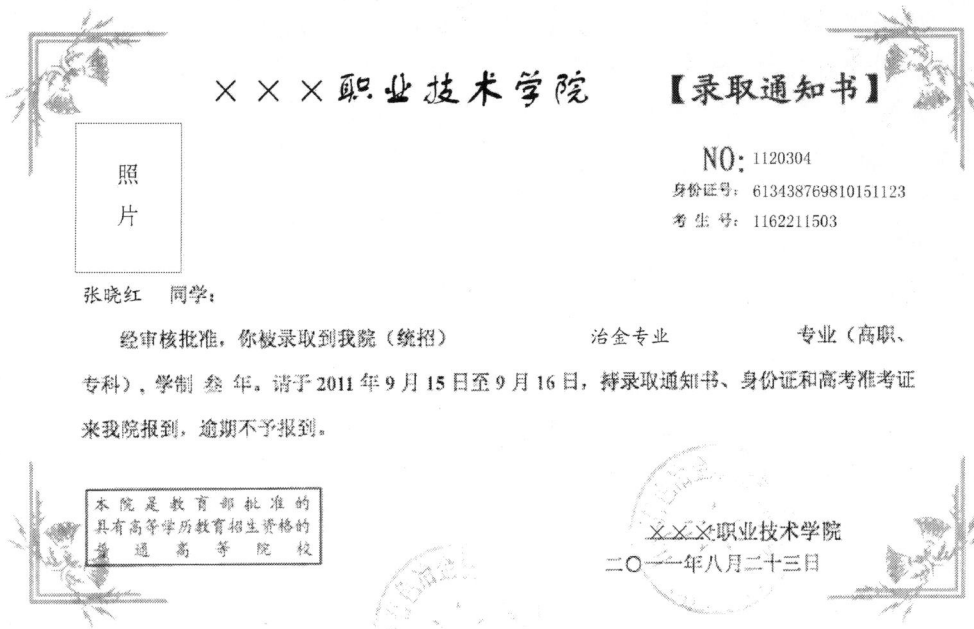

图 6-72　录取通知书效果

任务分析

本任务利用 word 2010 邮件合并功能制作成批录取通知书的过程，需要以下三个
步骤。

1. 创建主文档。

2. 创建或打开数据源文档。

3. 执行邮件合并，合并文档。

知识链接

邮件合并的思想是首先建立两个文档：一个是数据源文档，它包括信件或报表中需要变
化的信息，如姓名、邮编、地址等；另一个是主文档，它包括信件或报表中共有的内容以及合
并域（代表信件或报表中的变化内容）。最后将两个文档进行合并，即用数据源文档的具体

信息替换主文档中的合并域,从而生成大量信件或报表。

邮件合并需要以下四个步骤。

(1)创建主文档,并输入文档中共有的内容。

(2)创建或打开数据源文档,存放信件或报表中变化的信息。

(3)在主文档中插入合并域,以此代表信件或报表中的变化内容。

(4)执行合并操作,用数据源文档替换主文档中的合并域,生成一个合并文档,如果需要,可将合并结果打印输出。

任务实施

步骤一 创建主文档

主文档可以在邮件合并前建立并存盘,也可以在合并时创建主文档。本案例是在邮件合并前创建主文档,如图 6-73 所示。

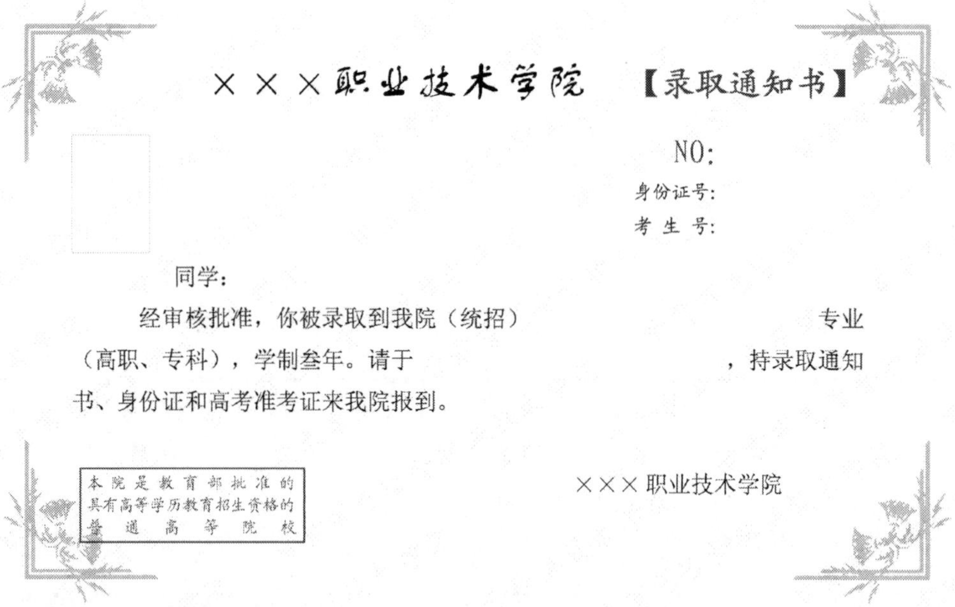

图 6-73 主文档效果

步骤二 准备数据源

邮件合并的数据源可以用 Word 表格创建,也可以在 Excel 或 Access 中,或使用数据库管理软件创建。本任务中"选取收件人"使用的是学院 20××年录取 1000 多名学生的 Excel 数据源,如图 6-74 所示。

D1　毕业学校

	A	B	C	D	E	F	G	H
1	考生号	姓 名	性别	毕业学校	邮编号码	邮寄地址	联系电话	录取专业
2	1162211501	宋成英	女	永登县第一中学	75562	永登县第一中学	13346770125	冶金技术
3	1162211502	何俊康	男	永登县第一中学	75562	永登县第一中学	13346770126	冶金技术
4	1162211503	余菊芬	女	永登县第一中学	75562	永登县第一中学	13346770127	冶金技术
5	1162211504	韩健	女	永登县第一中学	75562	永登县第一中学	13346770128	冶金技术
6	1162211505	刘伟	女	永登县第二中学	75562	永登县第二中学	13346770129	电机自动化
7	1162211506	王明霞	女	永登县第二中学	75562	永登县第二中学	13346770130	电机自动化
8	1162211507	李继栋	男	永登县第二中学	75562	永登县第二中学	13346770131	电机自动化
9	1162211508	朱道平	男	永登县第二中学	75562	永登县第二中学	13346770132	文秘
10	1162211509	令红艳	男	永登县第二中学	75562	永登县第二中学	13346770133	文秘
11	1162211510	鱼江	男	永登县第二中学	75562	永登县第二中学	13346770134	文秘
12	1162211511	黄刚姬	男	永登县第二中学	75562	永登县第二中学	13346770135	文秘
13	1162211512	熊瑛	男	永登县第二中学	75562	永登县第二中学	13346770136	文秘

图 6-74　部分数据源效果

步骤三　邮件合并

(1)打开主文档(信函)。

①打开 Word 窗口,执行“邮件”选项标签|“开始邮件合并”功能区|“开始邮件合并”|“邮件合并分布向导”命令,打开“邮件合并”任务窗,如图 6-75 所示。

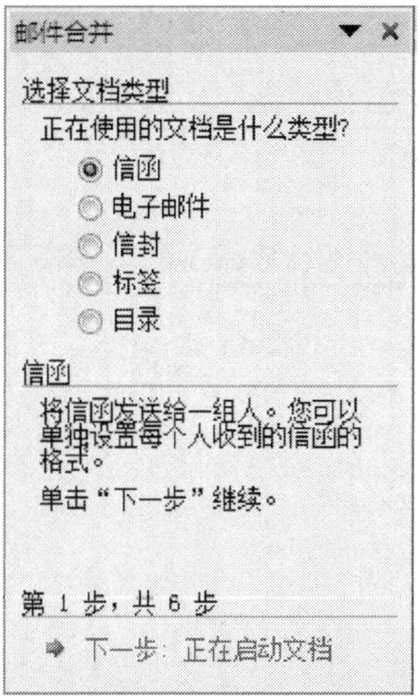

图 6-75　邮件合并向导之步骤 1

②在“第 1 步”中选择文档类型为“信函”,单击“下一步:正在启动文档”,如图6-76 所示。

③在“第 2 步”中选择开始文档为“使用当前文档”(即把当前窗口中的文档作为创建套

用信函的主文档)，单击"下一步：选取收件人"，如图 6-77 所示。

图 6-76　邮件合并向导之步骤 2　　　　　　图 6-77　邮件合并向导之步骤 3

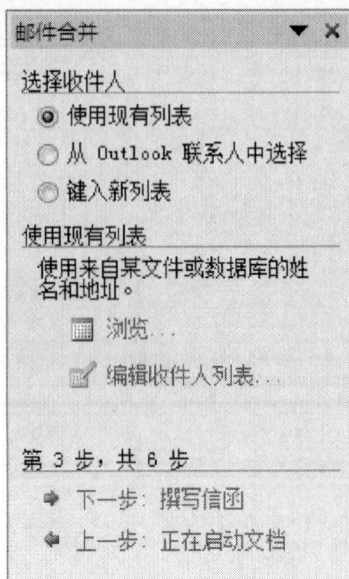

（2）打开数据源。

"第 3 步"中选择收件人为"使用现有列表"，单击"浏览"按钮，打开 Excel 文件"学生成绩表"，弹出"邮件合并收件人"对话框，可以在对话框中对数据源进行编辑、排序、查找等操作，取消行数据左边复选框的选定记号，则该行数据不参加合并。数据源编辑完毕后，单击"确定"按钮。单击"下一步：撰写信函"，如图 6-78 所示。

图 6-78　"邮件合并收件人"对话框

如果选择收件人为"键入新列表",则单击"创建"按钮,系统引导用户创建数据源。

(3)插入合并域。

在主文档中插入合并域的方法:插入点定位于"同学"左边,单击"撰写信函"下的"其他项目"按钮。

(4)合并主文档与数据源。

可以在邮件合并向导之步骤6的任务窗格中选择"打印",把主文档和数据源的合并结果(所有学生的成绩单)打印出来;可以选择"编辑个人信函",把主文档和数据源合并到新文档中,等需要时再打印。如图6-79、图6-80、图6-81所示。

按照类似操作,可以生成信封和邮件标签。

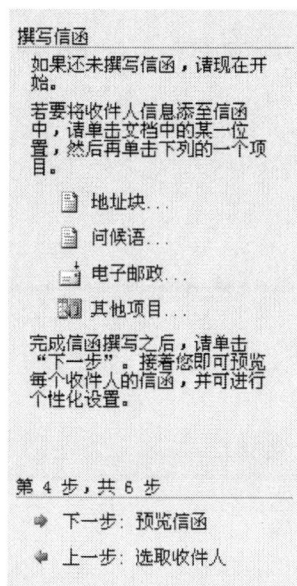

撰写信函

如果还未撰写信函,请现在开始。

若要将收件人信息添至信函中,请单击文档中的某一位置,然后再单击下列的一个项目:

📄 地址块…
📄 问候语…
📑 电子邮政…
📑 其他项目…

完成信函撰写之后,请单击"下一步"。接着您即可预览每个收件人的信函,并可进行个性化设置。

第4步,共6步

➡ 下一步:预览信函
➡ 上一步:选取收件人

预览信函

在此预览一个合并信函。若要预览其他信函,请单击下列项:

⟪⟪ 收件人: 1 ⟫⟫

📧 查找收件人…

做出更改

您还可以更改收件人列表:

📝 编辑收件人列表…

| 排除此收件人 |

信函预览完毕之后,请单击"下一步"。然后可以打印合并信函,或编辑个人信函添加个人批注。

第5步,共6步

➡ 下一步:完成合并
➡ 上一步:撰写信函

| 向导下一步 |

完成合并

可使用"邮件合并"生成信函。

要个性化设置您的信函,请单击"编辑个人信函"。这将为合并信函打开新的文档。若要更改所有信函,请切换回原始文档。

合并

📄 打印…
📑 编辑单个信函…

第6步,共6步

➡ 上一步:预览信函

6-79 邮件合并向导之步骤4   图6-80 邮件合并向导之步骤5   图6-81 邮件合并向导之步骤6

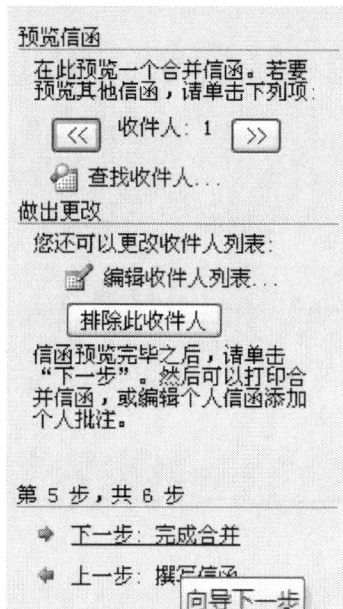

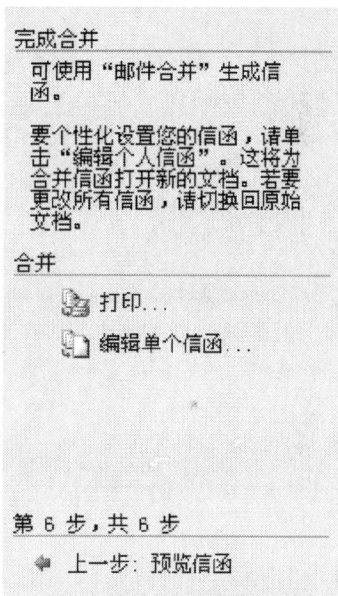

实战演练

操作题

自己设计一份期末成绩表,并批量制作期末成绩单。

项目 7　Excel 2010 软件的应用

Excel 2010 是 Office 2010 软件中的一个组件，它是一种电子表格软件，集数据统计、报表分析及图形分析三大基本功能于一身。由于具有强大的数据运算功能与丰富且实用的图形功能，被广泛应用于财务、金融、经济、审计和统计等领域。

任务一　Excel 2010 基本操作——人事信息管理

任务情景

在当今信息时代的高科技领域内，采用信息化管理模式已非常常见，尤其在企业或者政府、机关学校等领域对人事基本信息的管理采用信息化方法更为方便。对于员工较少的企业来说，与使用专业人事管理软件相比，使用 Excel 2010 进行员工信息管理更为经济、合理和便捷。Excel 2010 使用起来不复杂，同时安全性也较好。

任务目标及效果

本节任务目的是练习工作表的行、列、单元格的基本操作，单元格的数据设置，如何保护工作表的数据，设置下拉列表框进行数据输入，批注的设置，效果如图 7-1 所示。

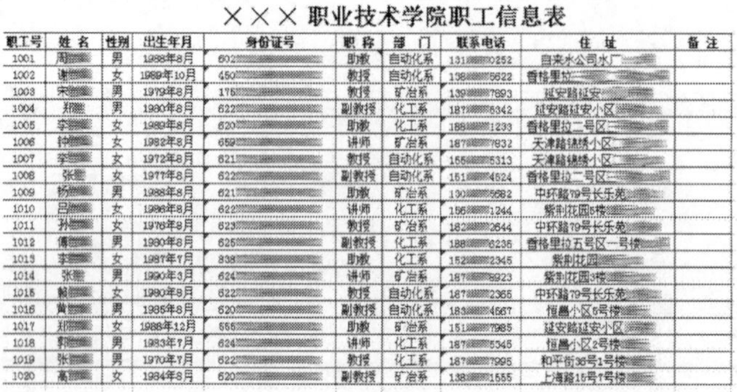

图 7-1　任务效果图

任务分析

考虑到人事信息的保密性、安全性和使用方便性,本任务将实现以下基本功能。

1. 新建工作簿。
2. 录入数据。
3. 设置单元格格式。
4. 为"性别、职称、部门"三列设置下拉列表框选项。
5. 为职称为助教的员工添加批注。

知识链接

1. Excel 2010 工作窗口

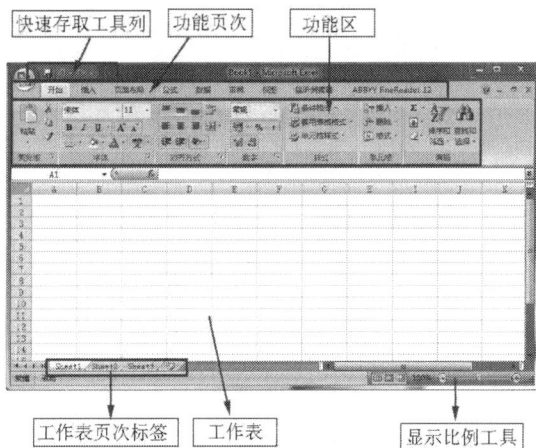

图 7-2 Excel 2010 工作窗口

(1)标题栏。

标题栏主要显示工作簿的名称。

(2)选项标签。

选项标签旨在帮助用户快速找到某一任务所需的命令。

(3)功能区。

功能区是指汇集了每个选项标签中的所有功能的区域,能使用户更快捷、更方便地找到自己想要运用的功能。

(4)名称框。

名称框主要用于定义或显示当前单元格的名称和地址。

(5)编辑栏。

编辑栏主要用于显示或编辑活动单元格中的数据和公式。

2. Excel 2010 常用术语

(1)工作簿。

工作簿用户在启动 Excel 时，系统会自动创建一个名称为 Book1 的工作簿。扩展名为"·xlsx"。

(2)工作表。

工作表又称为电子表格，主要用来存储与处理数据。在默认情况下，一个工作簿包括三个工作表，默认工作表名称为 sheet 加数字。

(3)单元格。

单元格是 Excel 中最小的单位，主要由交叉的行与列组成，其名称（单元格地址）是通过行号与列标显示的。

3. 基本操作

(1)创建工作簿。

①"Office"按钮创建。执行"文件"菜单|"新建"命令，在弹出的"可用模板"列表中选择"空白工作簿"选项，单击"创建"按钮即可，如图 7-3 所示。

图 7-3　新建工作簿

②"快速访问工具栏"创建。执行"自定义快速访问工具栏"下拉列表|"新建"命令，然后单击"新建"按钮，如图 7-4 所示。

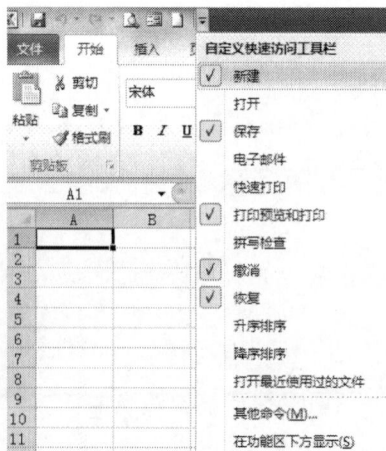

图 7-4　创建工作簿

(2)保存工作簿。

在 Excel 2010 中,保存工作簿大致分为手动保存与自动保存两种方法。

①手动保存。执行"文件"菜单 |"保存"命令,或者执行"快速访问工具栏" |"保存"按钮
![保存图标],在弹出"另存为"窗口中设置文件要保存的位置和名称,如图 7-5 所示。

图 7-5 "另存为"窗口

如果用户需要以新的名称或路径来保存已经保存过的工作簿,也可以执行"文件"菜单 |
"另保存"命令,在弹出"另存为"窗口中设置文件要保存的位置和名称即可。

计算机应用基础

②自动保存。用户在使用 Excel 2010 时，往往会遇到计算机故障或意外断电的情况。此时，便需要设置工作簿的自动保存与自动恢复功能。执行"文件"菜单|"选项"命令，在弹出对话框中选择"保存"选项标签，在右侧的"保存工作簿"选项组中进行相应的设置即可。例如，保存格式、自动回复时间以及默认的文件位置等，如图 7-6 所示。

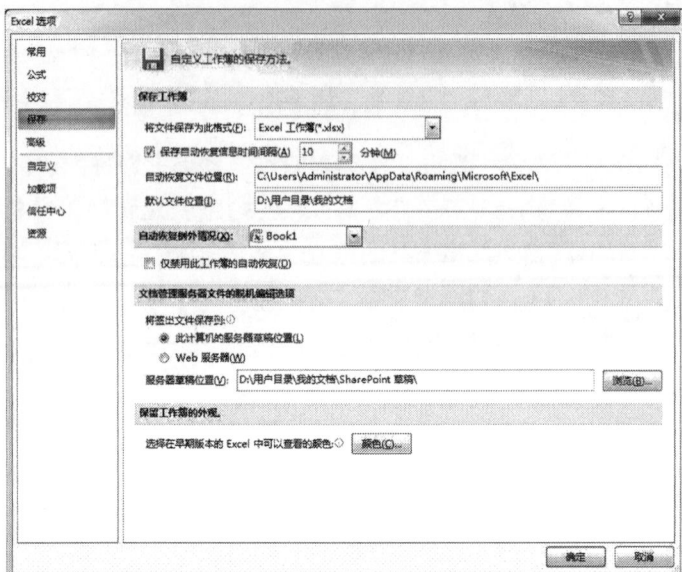

图 7-6　"选项"设置对话框

4. 工作簿加密

加密工作簿，是为了保护工作簿中的数据而设置的密码。在"另存为"对话框中执行"工具"下拉列表框中的"常规选项"命令，如图 7-7 所示，在常规选项对话框中"打开权限密码"与"修改权限密码"文本框中输入密码，单击"确定"按钮。在弹出的"确认密码"对话框中重新输入密码，单击"确定"按钮，如图 7-8 所示。

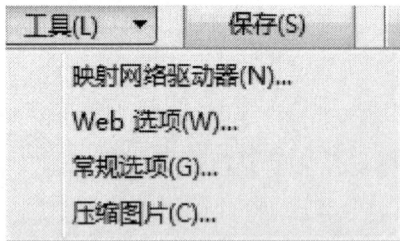

图 7-7　"常规选项"下拉列表　　　图 7-8　输入权限密码

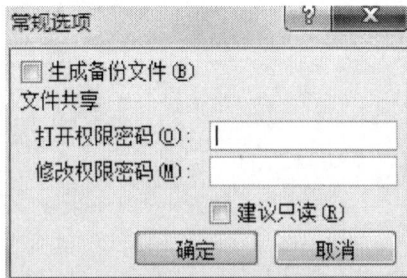

5. 打开/关闭工作簿

（1）打开工作簿。

当用户需要编辑工作簿时，可以双击工作簿名称，也可在工作簿名称上右击，选择"打开"命令即可打开工作簿。

(2)关闭工作簿。

编辑完工作簿之后,便可以关闭工作簿,其关闭方法如下。

①单击工作簿窗口右上角的"关闭"按钮 ▨ 。

②执行"文件"菜单|"关闭"命令。

③双击左上角的"Excel"图标▨。

④按 Ctrl+F4 或 Alt+F4 组合键。

⑤右击任务栏中的工作簿图标,执行"关闭"命令。

6. 输入数据

(1)输入文本。

输入文本,是在单元格中输入以字母开头的字符串或汉字等数据。在单元格中输入文本时,首先要选择单元格,然后输入文本,并按 Enter 键。

(2)输入数字。

数字主要包括整数、小数、货币或百分号等类型,系统会根据数据类型自动右对齐。

①输入普通数值。输入普通型数值的方法与输入文本的方法相同,即单击要输入数据的单元格,然后直接在单元格中输入数值或利用编辑栏输入即可。

②输入百分比数据。可以直接在数值后输入百分号"％"。例如,要输入 30％,应先输入"30",然后输入"％"。

③输入负数。要输入负数,必须在数字前加一个负号"－",或给数字加上圆括号。例如,输入"－2"或"(2)",都可在单元格中得到－2。

④输入小数。一般可以直接在指定的位置输入小数点即可。

⑤输入分数。分数的格式通常为"分子/分母"。如果要在单元格中输入分数,如 1/5,应先输入"0"和一个空格,然后输入"1/5",单击编辑栏中的"输入"按钮后单元格中显示"1/5",编辑栏中则显示"0.2";如果不输入"0",Excel 会把该数据当作日期格式处理,存储为"1 月 5 日"。

⑥输入文本格式的数字。就是将数字作为文本来输入,首先需要输入一个英文状态的单引号"'",然后再输入数字。其中,单引号表示其后的数字按文本格式输入,一般情况下该方法适用于输入身份证号码。

(3)输入日期和时间。

①输入日期。Excel 是将日期和时间视为数字处理的,用户可以用斜杠"/"或者"-"来分隔日期中的年、月、日部分。首先输入年份,然后输入 1～12 数字作为月,再输入 1～31 数字作为日。比如,要输入"2010 年 4 月 30 日",可以在单元格中输入"2010/4/30"或者"2010-4-30"。如果省略年份,则以当前的年份作为默认值显示在编辑栏中。

②输入时间。在 Excel 中输入时间时,可用冒号":"分开时间的时、分、秒。系统默认输入的时间是按 24 小时制的方式输入的。若要基于 12 小时制输入时间,需要在时间后输入一个空格,然后输入 AM 或 PM(也可只输入 A 或 P),用来表示上午或下午。

(4)填充柄填充数据。

填充柄位于选定单元格区域右下角的黑色小方块▪。使用填充柄可以复制有规律性的数据,可以向下、向上、向左、向右填充数据。

利用填充柄填充数据后,在单元格的右下角会出现"自动填充选项"下拉三角按钮,在该下拉列表中用户可以选择相应的选项。

7. 编辑单元格

(1)选择单元格。

编辑单元格前,首先要选择单元格。选择单元格可以分为选择单元格或单元格区域。

①选择单元格。在工作表中移动鼠标,当光标变成 ✚ 时单击即可。

②选择连续的单元格区域。选中第一个单元格,拖动鼠标即可。

③选择不连续的单元格区域。选中第一个单元格,然后按住 Ctrl 键逐一选择其他单元格即可。

④选择整行。将鼠标置于需要选择行的行号上,当光标变成向下的箭头➡时,单击即可。

⑤选择整列。将鼠标置于需要选择行的列标上,当光标变成向右的箭头时,单击即可。

⑥选择整个工作表。单击工作表左上角行号与列标相交处"全部选定"按钮即可,或者按 Ctrl＋A 组合键。

（2）插入单元格。

执行"开始"选项标签|"单元格"功能区|"插入"命令在其子菜单中选择"插入单元格"选项，在弹出的"插入"对话框中选择相应的选项即可，如图7-9所示。

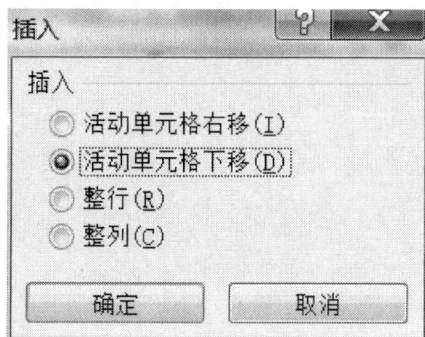

图7-9　"插入"对话框

8．编辑工作表

（1）调整行高。

选中单元格或单元格区域，执行"开始"选项标签|"单元格"功能区|"格式"|"行高"命令。在弹出的"行高"对话框中输入行高值即可，如图7-10所示。

（2）调整列宽。

选中单元格或单元格区域，执行"开始"选项标签|"单元格"功能区|"格式"|"列宽"命令。在弹出的"列宽"对话框中输入行高值即可，如图7-11所示。

图7-10　"行高"对话框

图7-11　"列宽"对话框

任务实施

步骤一　新建工作簿

新建Excel 2010工作簿，以"职工信息"命名并保存在桌面上，然后打开表格在该工作簿中输入职工的基本信息。

（1）启动Excel 2010，软件自动创建名为"book1.xlsx"的工作簿。

（2）保存工作簿。

执行"文件"菜单|"保存"命令，如图7-12所示。弹出保存位置对话框，选择桌面，在"文件名"文本框中输入"职工信息表"，单击"保

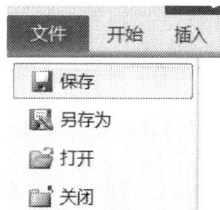

图7-12　保存工作簿

存"按钮,保存成功,如图 7-13 所示。

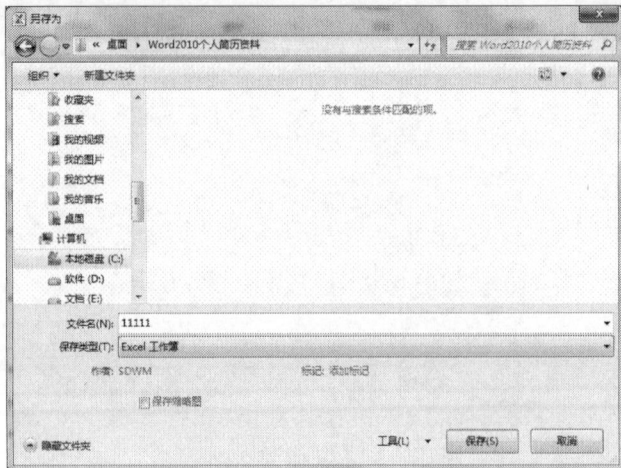

图 7-13 "另存为"窗口

步骤二 录入数据

(1)快速填充序号。

单击 A3 单元格,输入数字"1001",将鼠标指向该单元格右下角的填充柄,此时鼠标指针变为黑色十字形状▉,按下鼠标左键向下拖动到 A22 单元格,此时 A3 到 A22 单元格数值都是"1 001",单击"自动填充选项"图标 ▉,单击图标中的倒三角,在下拉菜单中选择"填充序列"选项,如图 7-14、图 7-15 所示。

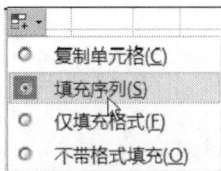

图 7-14 "自动填充选项"下拉菜单

图 7-15 快速填充序号

（2）录入文本型数据。

在 A1 单元格录入标题文字"×××职业技术学院职工信息表"。在 B2 至 J2 单元格中录入表头文字，如图 7-16 所示。

	A	B	C	D	E	F	G	H	I	J
1	×××职业技术学院职工信息表									
2	职工号	姓　名	性别	出生年月	身份证号	职　称	部　门	联系电话	住　址	备　注
3	1001									
4	1002									
5	1003									
6	1004									
7	1005									
8	1006									
9	1007									
10	1008									
11	1009									
12	1010									
13	1011									
14	1012									
15	1013									
16	1014									
17	1015									
18	1016									
19	1017									
20	1018									
21	1019									
22	1020									
23										

图 7-16　录入标题和表头文字

录入"姓名""性别""身份证号""职称""部门""联系电话""住址""备注"列的相关内容，如图 7-17 所示。

	A	B	C	D	E	F	G	H	I	J
1	×××职业技术学院职工信息表									
2	职工号	姓　名	性别	出生年月	身份证号	职　称	部　门	联系电话	住　址	备注
3	1001	周岩峰	男	1988年8月	602725198806080831	助教	自动化系	13145870252	自来水公司水厂1-22号	
4	1002	谢和志	女	1989年10月	450926198910020725	教授	自动化系	13809355622	香格里拉三号区二号楼205号	
5	1003	宋文锋	男	1979年8月	175823197908311452	教授	矿冶系	13952367893	延安路延安小区2号楼	
6	1004	郑胜	男	1980年8月	622321198008291562	副教授	化工系	18793565342	延安路延安小区2号楼101	
7	1005	李传想	女	1989年8月	620522198908172478	助教	化工系	18854621233	香格里拉二号区三号楼405号	
8	1006	钟贵钦	女	1982年8月	659552198208263456	讲师	矿冶系	18793547832	天津路锦绣小区二单元101	
9	1007	李志中	女	1972年8月	621123197208254596	教授	自动化系	15509465313	天津路锦绣小区二单元203	
10	1008	张置	女	1977年8月	622323197708255246	副教授	自动化系	15117894524	香格里拉二号区一号楼102号	
11	1009	杨忠华	男	1987年8月	621522198808110658	助教	化工系	13012345682	中环路79号长乐苑11栋12	
12	1010	吕康强	女	1986年8月	622323198508115558	讲师	化工系	15678541244	紫荆花园5楼2单元102	
13	1011	孙晓宁	女	1976年8月	623321197608241289	教授	矿冶系	18293552644	中环路79号长乐苑10栋08	
14	1012	博桂红	男	1980年8月	625320198008172589	副教授	化工系	18854786235	香格里拉五号区一号楼202号	
15	1013	李国兴	女	1987年7月	838328198707080158	助教	化工系	15209452345	紫荆花园2单元102	
16	1014	张波	男	1990年3月	624513199003162456	讲师	矿冶系	18785648923	紫荆花园4楼1单元232	
17	1015	赖勇泉	女	1988年8月	622323198008170245	教授	自动化系	18754262365	中环路79号长乐苑13栋12	
18	1016	黄明璇	男	1985年8月	620512198506240752	副教授	自动化系	18395534567	恒昌小区5楼3单元	
19	1017	郑美英	女	1988年12月	555257198812273456	助教	矿冶系	15193407985	延安路延安小区1号楼	
20	1018	郭永鸿	男	1983年7月	624561198307142598	讲师	化工系	18793625345	恒昌小区2号楼3单元	
21	1019	张红松	男	1970年7月	622321197007180558	教授	化工系	18793547995	和平街36号1号楼3单元	
22	1020	高大山	女	1984年8月	620152198408110426	副教授	矿冶系	13884581555	上海路15号7号楼2单元	

图 7-17　录入相关文字信息

（3）录入日期。

在 D3 单元格中录入"1988-8"，按回车键，以此类推，录入其他出生年月，如图7-18 所示。

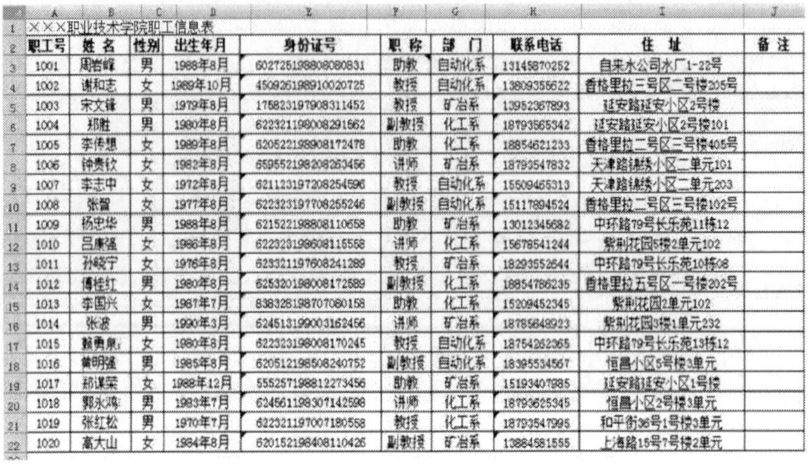

职工号	姓 名	性别	出生年月	身份证号	职 称	部 门	联系电话	住 址	备 注
×××职业技术学院职工信息表									
1001	周岩峰	男	1988年8月	602725198808080831	助教	自动化系	13145870252	自来水公司水厂1-22号	
1002	谢和志	女	1989年10月	450926198910020725	教授	自动化系	13809355622	香格里拉三号区二号楼205号	
1003	宋文锋	男	1979年8月	175823197908311452	教授	矿冶系	13952367893	延安路延安小区2号楼	
1004	郑胜	男	1980年8月	622321198008291562	副教授	化工系	18793565342	延安路延安小区2号楼101	
1005	李伟想	女	1989年8月	620522198908172478	助教	矿冶系	18854621233	香格里拉二号区三号楼405号	
1006	钟贵钦	女	1982年8月	659552198208263456	讲师	矿冶系	18790547832	天津路锦绣小区二单元101	
1007	李志中	男	1972年8月	621123197208254596	教授	自动化系	15509465313	天津路锦绣小区一单元203	
1008	张智	女	1977年8月	622323197708255246	副教授	自动化系	15117894524	香格里拉二号区三号楼102号	
1009	杨忠华	男	1988年8月	621522198808110658	助教	矿冶系	13012345682	中环路79号长乐苑11栋12	
1010	吕康强	男	1986年8月	622323198608115558	讲师	化工系	15678541244	紫荆花园5楼2单元102	
1011	孙绫宁	男	1976年8月	623321197608241289	教授	矿冶系	18293552644	中环路79号长乐苑10栋08	
1012	傅桂红	男	1980年8月	622323198008172589	副教授	化工系	18854786235	香格里拉五号区一号楼202号	
1013	李国兴	男	1987年7月	838326198707080158	助教	化工系	15209452345	紫荆花园2单元102	
1014	张波	男	1990年3月	624513199003162456	讲师	矿冶系	18785648923	紫荆花园3栋1单元232	
1015	赖秀美	女	1980年4月	622323198004170245	教授	自动化系	18754262365	中环路79号长乐苑13栋12	
1016	黄明雄	男	1985年8月	620512198508240752	教授	矿冶系	18395534567	恒昌小区5号楼3单元	
1017	郑谋荣	女	1988年12月	555257198812273456	助教	矿冶系	15193407985	延安路延安小区1号楼	
1018	郭永鸿	男	1983年7月	624561198307142596	讲师	化工系	18793625345	恒昌小区2号楼3单元	
1019	张红松	男	1970年7月	622321197007180558	教授	矿冶系	18793547995	和平街36号1号楼3单元	
1020	富大山	女	1984年8月	620152198408110426	副教授	矿冶系	13884581555	上海路15号7号楼2单元	

图 7-18 录入出生年月

步骤三 设置单元格格式

（1）设置标题格式。

拖动鼠标选定 A1 至 J1 单元格，执行"开始"选项标签|"单元格"功能区|"格式"|"单元格格式"，如图 7-19 所示，打开"设置单元格格式"对话框。

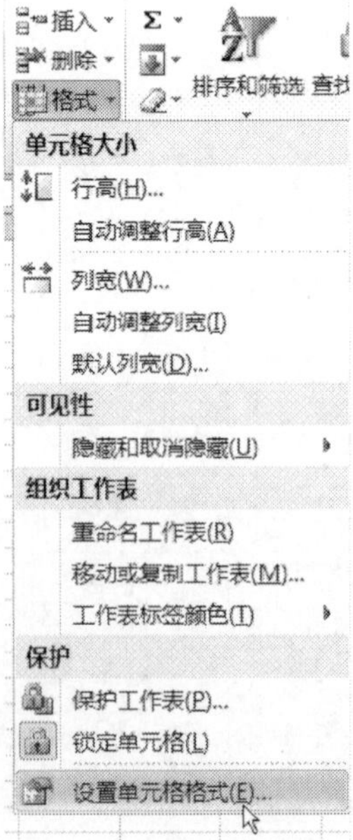

图 7-19 设置单元格格式

在打开的"设置单元格格式"对话框中单击"对齐"选项,在"对齐"选项卡中勾选"合并单元格"选项,如图7-20所示。

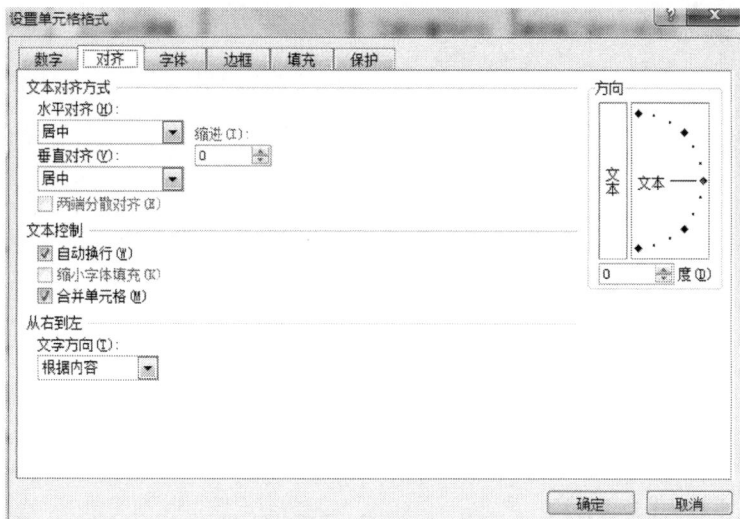

图7-20　"对齐"选项卡

完成以上操作后,单击"字体"选项,在"字体"选项卡中设置字体为宋体,字形为加粗,字号为20,如图7-21所示,然后单击"确定"按钮。

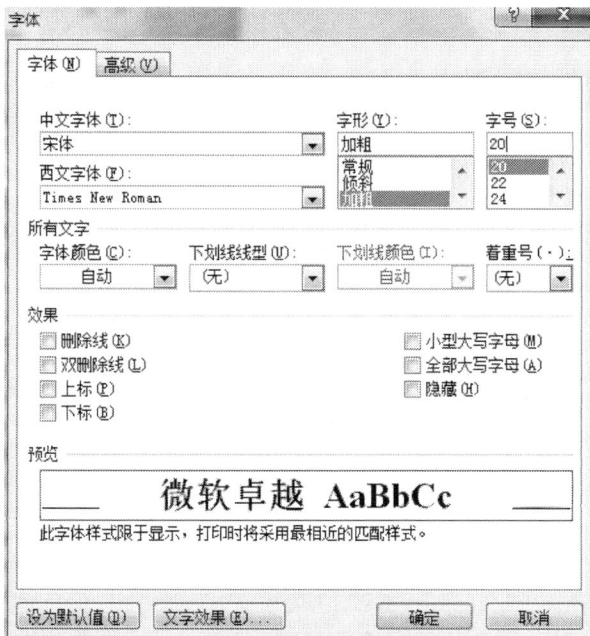

图7-21　"字体"选项卡

（2）设置表头格式。

选定表头单元格区域，执行"开始"选项标签｜"单元格"功能区｜"格式"｜"单元格格式"命令，打开"设置单元格格式"对话框，单击"字体"选项，在"字体"选项标签中设置字体为宋体，字形为加粗，字号为 11，如图 7-22 所示，然后单击"确定"按钮。

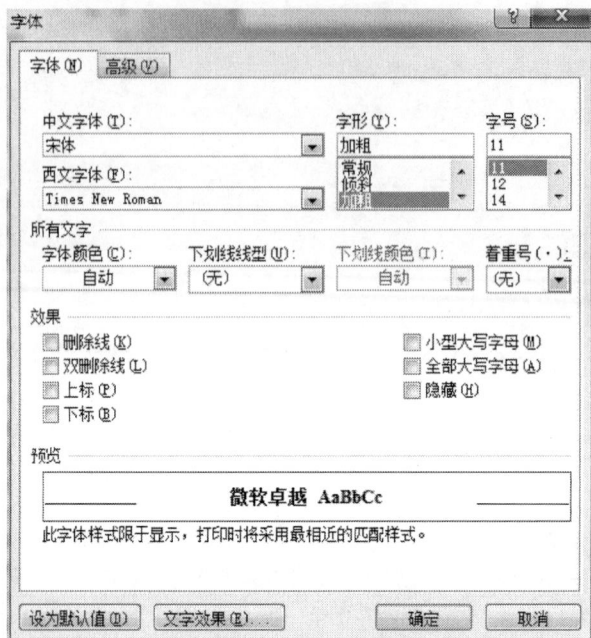

图 7-22　设置表头格式

（3）调整行高和列宽。

拖动鼠标选定 A2 至 J22 单元格区域，执行"开始"选项标签｜"单元格"功能区｜"格式"｜"行高"命令，如图 7-23 所示。

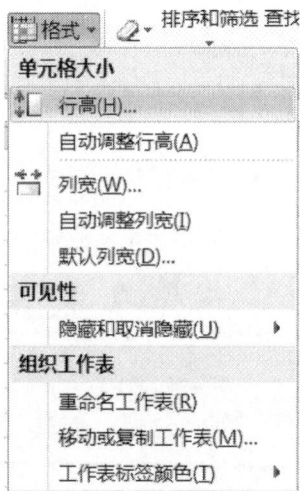

图 7-23　调整行高

在打开的"行高"对话框中输入"20",如图 7-24 所示,单击"确定"按钮。

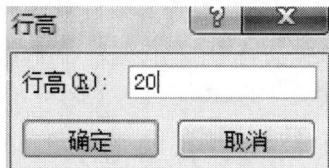

图 7-24 "行高"对话框

再次拖动鼠标选定 A2 至 J22 单元格区域,执行"开始"选项标签|"单元格"功能区|"格式"|"自动调整列宽(I)"命令,如图 7-25 所示,完成列宽调整。

图 7-25 调整列宽

(4)设置对齐方式。

拖动鼠标选定 A2 至 J22 单元格区域,执行"开始"选项标签|"单元格"功能区|"格式"|"格式"命令,打开"设置单元格格式"对话框,单击"对齐"选项,在"对齐"选项卡中设置水平方向居中,竖直方向居中,如图 7-26 所示,然后单击"确定"按钮。

图 7-26 设置对齐方式

步骤四　为"性别、职称、部门"三列设置下拉列表框选项

(1)设置"性别"下拉列表框选项。

选定 C 列,执行"数据"选项标签|"数据工具"功能区|"数据有效性"|"数据有效性"命令,如图 7-27 所示,弹出"数据有效性"对话框。

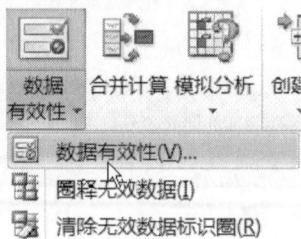

图 7-27　"数据有效性"下拉菜单

(2)在"数据有效性"对话框的"设置"选项卡中,设置"有效性条件"为"序列",在"来源"内输入"男,女"(注意输入内容之间的逗号为英文状态下输入法),最后单击"确定"按钮,完成下拉列表框的设置,如图 7-28 所示。

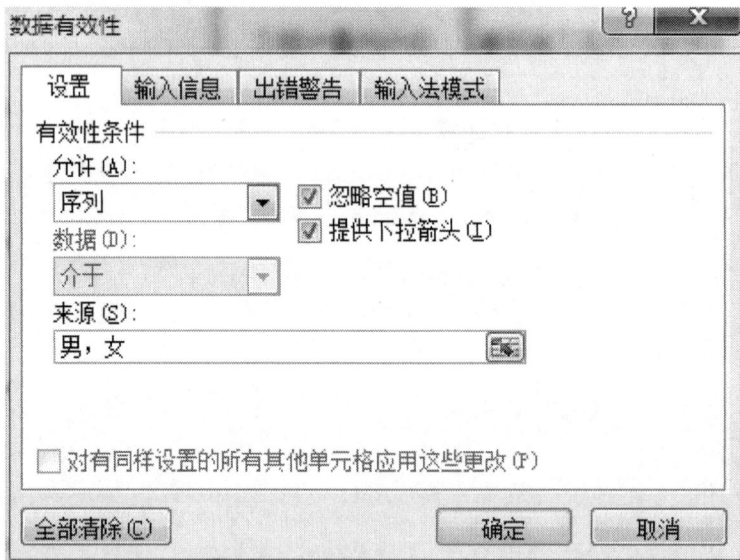

图 7-28　"数据有效性"对话框

(3)单击 F3 单元格,单元格右侧出现一个 ▾ ,单击 ▾ 按钮,弹出列表框选项,选择"男",完成输入,用同样的方法将所有教职工职称录入完成。效果图如图 7-29、图 7-30 所示。

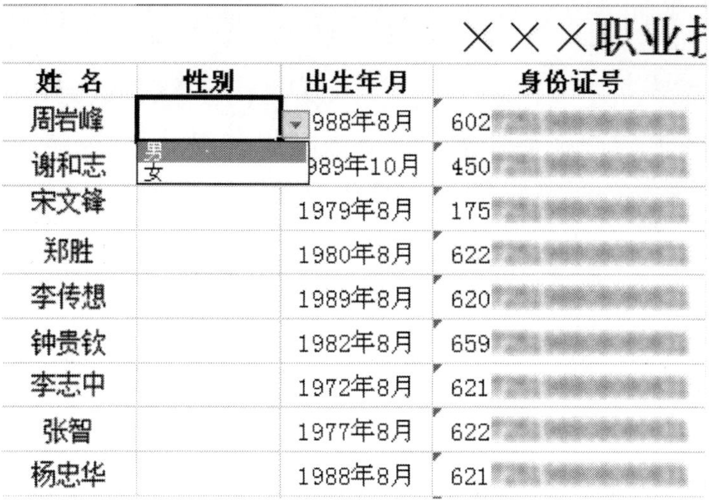

图 7-29 单击下拉列表框箭头选择

图 7-30 输入完成

（4）按照同样的方法，完成"职称、部门"两列数据的下拉列表框设置，并将这两列数据输入完成。

步骤五 为职称为助教的员工添加批注

选择需批注的单元格，执行"审阅"选项标签|"批注"功能区|"新建批注"命令，弹出"批注框"，输入批注内容，如图 7-31 所示。单击批注框以外的单元格，批注框就会自动隐藏。

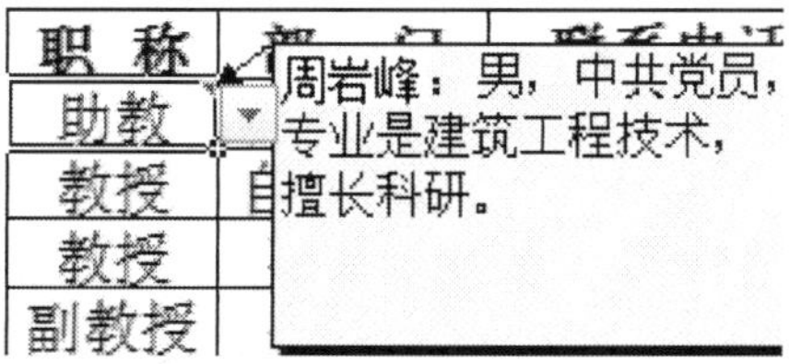

图 7-31 插入批注

技巧点拨

如果要编辑、删除批注,右击已经插入批注的单元格,执行"编辑批注"或"删除批注"命令即可。

实战演练

一、选择题

1. Excel 是用来处理( )的软件。

A. 文本文档   B. 电子表格   C. 图形和图像   D. 网络表格

2. 下列说法中,输入分数"5/8"正确的一项是( )。

A. 直接输入 5/8

B. 先输入一个 0,再输入 5/8

C. 先输入一个 0,再输入一个空格,最后输入 5/8

D. 以上方法都不对

3. 在选定不相邻的多个单元格区域时使用的键盘按键是( )。

A. Shift   B. Alt   C. Ctrl   D. Enter

4. 当鼠标指针移到自动填充柄上,鼠标指针会变成( )。

A. 双箭头   B. 白十字   C. 黑十字   D. 黑矩形

5. 在工作表中选取一组单元格,则其中活动单元格的数目是( )。

A. 1 行单元格   B. 1 个单元格

C. 1 列单元格   D. 被选中的单元格个数

6. 工作表的视图模式主要包括普通、页面布局与( )三种视图模式。

A. 缩略图   B. 文档结构图   C. 分页浏览   D. 全屏显示

二、填空题

1. Excel 2010 中的名称框主要用于定义域显示( )。

2. 单元格是 Excel 中的最小单位,它主要是由( )组成的,其名称"单元格地址"通过行号与列标来显示。

3. 在创建空白工作簿时,用户可以通过( )组合键进行快速创建。

三、简答题

1. 创建工作簿可以分为哪几种方法?并简述每种方法的操作步骤。

2. 简述填充数据的方法。

四、操作题

1. 打开工作簿 ESJ1.XLSX，对工作表进行格式设置。

①设置纸张大小为 B5，方向为纵向，页边距为 2 厘米。

②将"基本工资"和"水电费"的数据设置为保留一位小数。

③设置标题字号为 18 号，字体为黑体，颜色为绿色，对齐选择合并单元格，垂直、水平均为居中。

④设置各列的格式。

"编号"列格式：14 号、斜宋体、水绿色 40％。

"姓名"列格式：14 号、宋体、浅绿色。

"性别"列格式：12 号、幼圆、蓝色。

"职称"列格式：12 号、宋体、枚红色。

⑤设置各列的宽度：A、B 列为 5 厘米，C、D 列为 6 厘米，E、F、G 列为 11 厘米。

⑥设置表头文字的格式：16 号常规楷体、垂直于水平居中、行高 27、底纹为 6.25％灰色。颜色与所在列的数据相同。

2. 在 Excel 中录入如图 7-32 所示的信息。

序号	姓名	电工基础	数字模拟技	高等数学	计算机基础	总分	平均分	名次	等级
			建筑工程技术2013级第一学期成绩表						
1	王涛	87	87	89	75	338	84.5	3	优秀
2	李冰	76	86	81	78	321	80.25	5	优秀
3	谢红平	98	86	90	74	348	87	2	优秀
4	郑伟	45	87	81	76	289	72.25	9	合格
5	袁明明	32	55	80	74	241	60.25	10	合格
6	张莉	56	87	90	78	311	77.75	7	合格
7	张平	78	75	91	75	319	79.75	6	合格
8	罗娟	64	74	91	77	306	76.5	8	合格
9	贾宏永	83	82	92	75	332	83	4	优秀
10	王六	91	80	91	90	352	88	1	优秀
	单科最高分	98	87	92	90				
	单科平均分	71	79.9	87.6	77.2				

图 7-32　第 2 题图

具体要求如下。

①在工作表中用数据有效性制作出效果。

②在录入单科成绩时，选定单元格后提示"请输入 0～100 的分数"，输入大于 100 的数字时出现警告提示"成绩出错啦！"。

任务二 Excel 公式与函数——学生成绩表统计

任务情景

建筑工程技术 1301 班有 48 人，大一第一学期成绩出来以后，班长想把成绩结果统计出来，如果用计算器计算起来太麻烦，他就想利用 Excel 中的函数计算全班的成绩。

任务目标及效果

将建筑工程技术 1301 班第一学期成绩表的总分、平均分、名次、等级、单科最高分等利用公式和函数计算出来，效果如图 7-33 所示。

A	B	C	D	E	F	G	H	I	J
	建筑工程技术2013级第一学期成绩表								
序号	姓名	电工基础	数字模拟技:	高等数学	计算机基础	总分	平均分	名次	等级
1	王涛	87	87	89	75	338	84.5	3	优秀
2	李冰	76	86	81	78	321	80.25	5	优秀
3	谢红平	98	86	90	74	348	87	2	优秀
4	郑伟	45	87	81	76	289	72.25	9	合格
5	袁明明	32	55	80	74	241	60.25	10	合格
6	张莉	56	87	90	78	311	77.75	7	合格
7	张平	78	75	91	75	319	79.75	6	合格
8	罗娟	64	74	91	77	306	76.5	8	合格
9	贾宏永	83	82	92	75	332	83	4	优秀
10	王六	91	80	91	90	352	88	1	优秀
单科最高分		98	87	92	90				
单科平均分		71	79.9	87.6	77.2				

图 7-33 成绩表统计结果

任务分析

1. 输入数据。
2. 利用公式和函数计算学生的总分、平均分、名次、等级、单科最高分和单科平均分。

知识链接

1. 使用公式

公式是一个等式,是一个包含了数据与运算符的数学方程式,它主要包含了各种运算符、常量、函数以及单元格引用等元素。利用公式可以对工作表中的数值进行加、减、乘、除等各种运算,在输入公式时必须以"="开始。

(1)使用运算符。

运算符含义与示例如表7-1所示。

表 7-1　运算符含义与示例

种类	运算符	含义	示例
算术运算符	＋(加号)	加法运算	2＋5
	一(减号)	减法运算	65－12
	*(星号)	乘法运算	5＊8
	/(斜杠)	除法运算	98/2
	％(百分号)	百分比	35％
	＾(脱字号)	幂运算	2＾5
比较运算符	＝(等号)	相等	B3＝35
	＜(小于号)	小于	78＜97
	＞(大于号)	大于	567＞45
	＞＝(大于等于号)	大于等于	A5＞＝3
	＜＝(小于等于号)	小于等于	A12＜＝15
	＜＞(不等于号)	不相等	5＜＞10
文本运算符	&(与符)	文本与文本连接	＝"甘肃省"&"金昌"
	&(与符)	单元格与文本连接	＝A5&"金昌"
	&(与符)	单元格与单元格连接	＝A5&C4
引用运算符	:(冒号)	区域运算符	对包括在两个引用之间的所有单元格的引用
	,(逗号)	联合运算符	将多个引用合并为一个引用
	空格	交叉运算符	对两个引用共有的单元格的引用

(2)创建公式。

输入公式。双击单元格,将光标放置于单元格中。首先在单元格中输入"="号,然后在"="号后面输入公式的其他元素,按 Enter 键即可。修改公式。选择含有公式的单元格,在"编辑栏"中直接修改即可。

技巧点拨

显示公式

在单元格中输入公式后，将自动显示计算结果。用户可以通过执行"公式"|"公式审核"|"显示公式"命令来显示单元格中的公式。再次执行"显示公式"命令，将会在单元格中显示计算结果。（注：快捷键 Ctrl＋'）

复制公式主要有以下几种方法。

①自动填充柄。选择需要复制公式的单元格，移动光标至该单元格右下角的填充柄上，当光标变成十字形状时，拖动鼠标即可。

②利用"剪贴板"。选择需要复制公式的单元格，执行"剪贴板"|"复制"命令即可。

③使用快捷键。选择需要复制公式的单元格，按 Ctrl ＋ C 组合键复制公式，选择目标单元格后按 Ctrl ＋ V 组合键粘贴公式即可。

(3)单元格引用。

①相对引用。在复制公式时，地址跟着发生变化，如 C1 单元格有公式：＝A1＋B1，当将公式复制到 C2 单元格时变为：＝A2＋B2，当将公式复制到 D1 单元格时变为：＝B1＋C1。

②绝对引用。在复制公式时，地址不会跟着发生变化，如 C1 单元格有公式：＝A1＋B1，当将公式复制到 C2 单元格时仍为：＝A1＋B1，当将公式复制到 D1 单元格时仍为：＝A1＋B1。

③混合引用。在复制公式时，地址的部分内容跟着发生变化，如 C1 单元格有公式：＝$A1＋B$1，当将公式复制到 C2 单元格时变为：＝$A2＋B$1；当将公式复制到 D1 单元格时则变为：＝$A1＋C$1。

2. 使用函数

函数是系统预定义的特殊公式，它使用参数按照特定的顺序或结构进行计算。

(1)直接输入。

①单元格输入：双击单元格，首先输入"＝"，然后直接输入函数，按 Enter 键即可。

②"编辑栏"输入：选择单元格，在"编辑栏"中直接输入"＝"，然后输入函数名与参数，单击"输入"按钮即可。

(2)使用"插入函数"对话框。

对于复杂的函数，用户可以执行"公式"选项标签|"函数库"功能区|"插入函数"命令，在弹出的"插入函数"对话框选择函数，如图 7-34 所示。

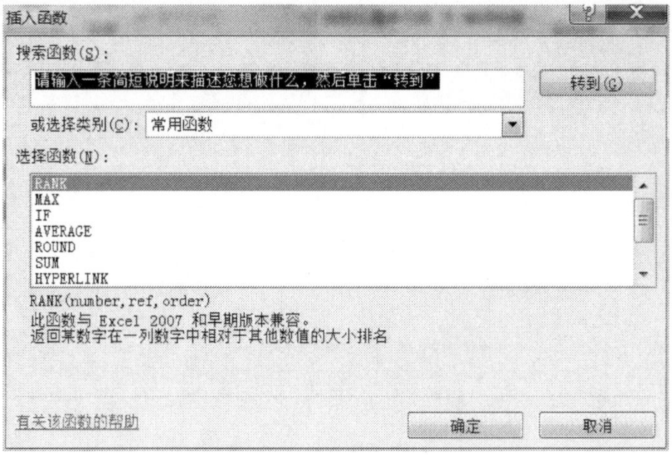

图 7-34　"插入函数"对话框

（3）常用函数。

用户在日常工作中经常会使用一些固定函数进行计算数据，从而简化数据的计算，例如，求和函数 SUM()、平均数函数 AVERAGE()、求最大值函数 MAX()、求最小值函数 MIN()等。在使用常用函数时，用户只需在"插入函数"对话框中单击"或选择类别"下的三角按钮，选择"常用函数"选项即可。

任务实施

步骤一　建立 Excel 文档并录入基本数据

新建 Excel 工作簿，以"建筑工程技术 1301 班成绩表"命名并保存在桌面，然后在该工作簿中输入成绩的相关信息。

（1）启动 Excel 2010，软件将自动创建名为"Book1.xlsx"的工作簿（默认名称）。

（2）执行"文件"选项标签|"保存"命令，将弹出"另存为"对话框。

（3）录入如图 7-35 所示的基本数据。

步骤二　利用公式计算总分

在单元格"G3"中输入"＝B3＋C3＋D3＋E3＋F3"，按 Enter 键即可。

利用复制公式的方法将 10 个学生的总分全部计算出来。

建筑工程技术2013级第一学期成绩表								
序号	姓名	电工基础	数字模拟技	高等数学	计算机基础	总分	平均分	名次	等级
1	王涛	87	87	89	75				
2	李冰	76	86	81	78				
3	谢红平	98	86	90	74				
4	郑伟	45	87	81	76				
5	袁明明	32	87	80	74				
6	张莉	56	87	90	78				
7	张平	78	75	91	75				
8	罗娟	64	74	91	77				
9	贾宏永	83	82	92	75				
10	王六	91	80	91	90				
	单科最高分								
	单科平均分								

图 7-35　录入数据

步骤三　利用 AVERAGE 函数计算平均分

将光标定位在单元格中"H3"中,点击插入函数图标 ![插入函数],在统计函数选择"AVERAGE"函数,单击"确定",如图 7-36、图 6-37 所示。

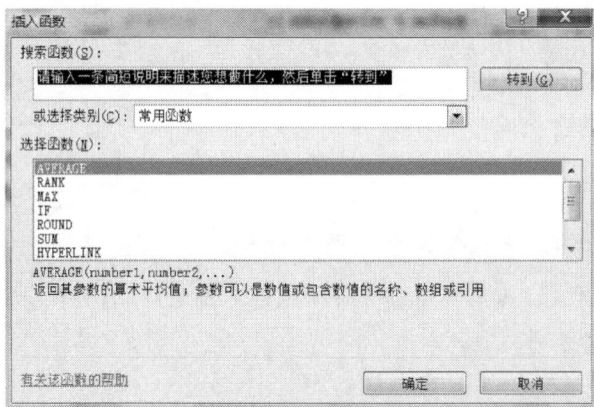

图 7-36　"插入函数"对话框

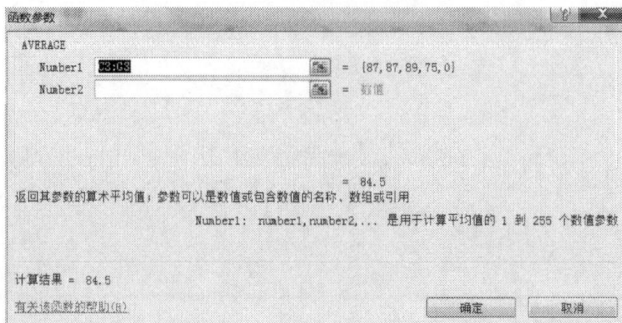

图 7-37　选择"函数参数"对话框

步骤四　利用 RANK 函数进行排名

将光标定位在单元格中"H3"中，点击插入函数图标 ![fx]，在"插入函数"对话框的"搜索函数"框输入"RANK"，点击"转到"，找到"RANK"函数，如图 7-38 所示。

图 7-38　在"插入函数"对话框搜索"RANK"函数

在"函数参数"对话框的"Number"框中将要查找排名的数据选中，如图 7-39 所示。在"Ref"框绝对引用用于排名的一组数据，单击"确定"，在单元格"I3"中就会显示排名数字。用复制函数的方法将所有数据的排名计算出来。

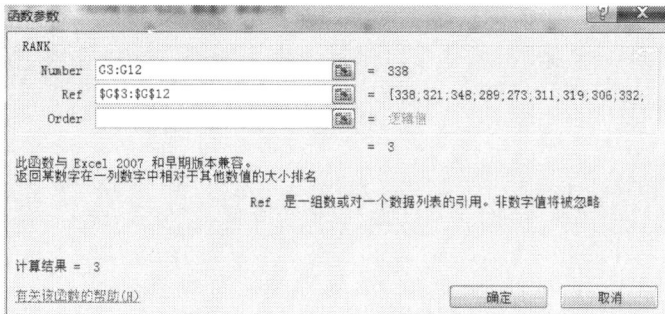

图 7-39　"RANK"函数参数对话框

步骤五　利用 IF 函数进行等级划分

按平均分的成绩将学生分为两个等级，平均分大于等于 80 分的为"优秀"，小于 80 分的为"合格"。

将光标定位在单元格"J3"中，点击插入函数图标 ![fx]，在"逻辑函数"中找到"IF"函数，点击弹出"IF"函数参数对话框，如图 7-40 所示"IF"函数参数对话框。

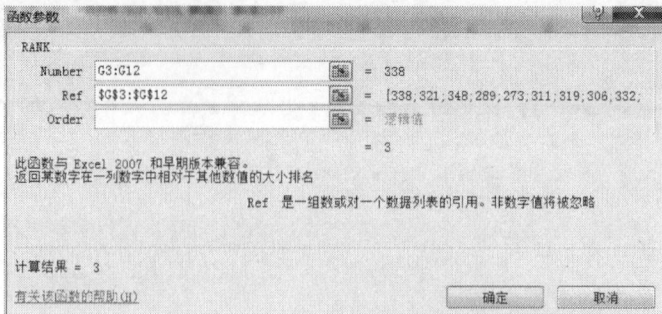

图 7-40 "IF"函数参数对话框

步骤六 完成其他"单科平均分""单科最高分"的计算

同样的方法,利用 MAX 函数、AVERAGE 函数将"单科平均分""单科最高分"计算出来。

实战演练

一、选择题

1. 在 Excel 2010 中输入分数时,由于日期格式与分数格式一致,所以在输入分数时需要在分子前添加( )。

A. "—"   B. "/"   C. 0   D. 00

2. 数组公式是对一组或多组数值执行多重计算,在输入数组公式后按( )组合键结束公式的输入。

A. Ctrl+Shift+Tab   B. Ctrl+Alt+Enter

C. Alt+Shift+Enter   D. Ctrl+Shift+Enter

3. 文本运算符是使用( )将两个文本连接成一个文本。

A. 连接符"&"   B. 连接符"*"

C. 连接符"^"   D. 连接符"+"

4. 在复制公式时,单元格的应用将根据引用类型而改;但是在移动公式时,单元格的应用将( )。

A. 保持不变   B. 根据引用类型改变

C. 根据单元格位置改变   D. 根据数据改变

二、填空题

1. 公式是一个等式,是一个包含了数据域运算符的数学方程式,在输入公式时必须以( )开始。

2. 公式中的运算符主要包括算数运算符、比较运算符、( )运算符、( )运算符与( )运算符 。

  3. 用户可以通过( )方法来改变公式的运算顺序。

  4. 用户可以通过( )组合键快速显示或隐藏公式。

三、简答题

  1. 简述运算符的种类与优先级。

  2. 单元格引用主要包括哪几个类型? 它们分别具有什么功能?

  3. 什么是基于多个条件求和?

四、操作题

  在工作表中录入如图 7-41 所示数据,分别利用函数算出"平均分"和"总分"两列中的内容,并且用"Rank"函数根据总分在"排名"列中进行排名。

	A	数学	语文	物理	化学	英语	生物	体育	计算机	平均分	总分	排名
2	王刚	80	87	70	86	61	90	74	71			
3	李玲	84	87	78	92	67	90	61	88			
4	小红	78	85	68	85	73	79	60	69			
5	李强	84	85	61	54	52	77	60	55			
6	网名	84	76	71	71	71	83	82	73			
7	周红	95	90	72	86	73	85	77	83			
8	陈佳	84	74	70	93	88	89	74	75			
9	曹静	79	86	52	72	14	80	60	62			
10	董涛	84	84	71	88	67	84	68	84			

图 7-41   成绩表

任务三   数据管理与分析——学生成绩表的分析与汇总

任务情景

  小李是他们班的学习委员,每学期都需要对本班学生的成绩进行分析、汇总,以前他都是手工完成这些任务,由于计算量大、任务重,每次他都要花费好几天的时间。自从学习了 Excel 后,小李觉得 Excel 功能强大,尤其是在数据的处理方面等更是如此。为了减轻自己的负担,他认真向老师请教,并掌握了 Excel 在数据管理和分析上的相关知识。

任务目标及效果

分析、汇总班级学生成绩单,对全班学生进行总分排名,找出挂科学生,通知学生本人准备补考,找出成绩优异的学生进行表扬,并对全班学生成绩进行综合分析,观察男女生的学生成绩之间的差异,如图7-42、图7-43、图7-44所示。

机电1101"计算机基础"成绩

序号	姓名	性别	学号	数学	语文	英语	历史	化学	生物	平均分	总分
1	柴乐山	男	201103030128	86	88	90	80	79	89	85	512
2	陈国睿	男	201103030135	75	89	76	79	80	90	82	489
3	成永康	男	201103030116	83	88	78	78	79	78	81	484
4	崔长虹	女	201103030121	89	90	74	78	75	68	79	474
5	狄小婵	女	201103030124	70	90	75	79	80	77	79	471
6	丁 思	女	201103030137	84	89	55	80	79	87	79	474
7	杜建强	男	201103030133	89	89	74	77	79	65	79	473
8	冯淑娟	女	201103030141	80	90	78	78	79	87	82	492
9	郭彩琴	女	201103030140	87	80	73	78	81	67	78	466
10	姜丽霞	女	201103030145	79	83	74	81	79	88	81	484
11	李东洋	男	201103030118	75	90	78	82	79	90	82	494
12	李关关	女	201103030132	87	62	74	80	79	87	78	469
13	李开德	男	201103030102	76	89	76	79	80	88	81	488
14	李蕾	男	201103030146	90	91	74	82	79	97	86	513
15	刘丽丽	女	201103030144	87	88	76	80	79	85	83	495

图 7-42　学生成绩汇总表效果图

机电1101"计算机基础"成绩

序号	姓名	性别	学号	数学	语文	英语	历史	化学	生物	平均分	总分
14	李蕾	男	201103030146	90	91	74	82	79	97	86	513
1	柴乐山	男	201103030128	86	88	90	80	79	89	85	512
15	刘丽丽	女	201103030144	87	88	76	80	79	85	83	495
11	李东洋	男	201103030118	75	90	78	82	79	90	82	494
8	冯淑娟	女	201103030141	80	90	78	78	79	87	82	492
2	陈国睿	男	201103030135	75	89	76	79	80	90	82	489
13	李开德	男	201103030102	76	89	76	79	80	88	81	488
3	成永康	男	201103030116	83	88	78	78	79	78	81	484
10	姜丽霞	女	201103030145	79	83	74	81	79	88	81	484

图 7-43　学生成绩排名表效果图

机电1101"计算机基础"成绩

序号	姓名	性别	学号	数学	语文	英语	历史	化学	生物	平均分	总分
15	刘丽丽	女	201103030144	87	88	76	80	79	85	83	495
4	崔长虹	女	201103030121	89	90	74	78	75	68	79	474
5	狄小婵	女	201103030124	70	90	75	79	80	77	79	471
6	丁 思	女	201103030137	84	89	55	80	79	87	79	474
9	郭彩琴	女	201103030140	87	80	73	78	81	67	78	466
8	冯淑娟	女	201103030141	80	90	78	78	79	87	82	492
12	李关关	女	201103030132	87	62	74	80	79	87	78	469
10	姜丽霞	女	201103030145	79	83	74	81	79	88	81	484
		女 平均值		82.875	84	72.375	79.25	78.875	81	80	478
14	李蕾	男	201103030146	90	91	74	82	79	97	86	513
1	柴乐山	男	201103030128	86	88	90	80	79	89	85	512
7	杜建强	男	201103030133	89	89	74	77	79	65	79	473
11	李东洋	男	201103030118	75	90	78	82	79	90	82	494
2	陈国睿	男	201103030135	75	89	76	79	80	90	82	489
13	李开德	男	201103030102	76	89	76	79	80	88	81	488
3	成永康	男	201103030116	83	88	78	78	79	78	81	484
		男 平均值		82	89.14286	78	79.57143	79.28571	85	82	493
		总计平均值		82.46667	86.4	75	79.4	79.06667	83	81	485

图 7-44　学生成绩男女差异表效果图

任务分析

1. 计算全班学生的平均成绩和总分,按照总分由高到低的顺序对全班学生进行排名。

2. 使用筛选功能,筛选出平均分低于 80 分的学生名单。

3. 使用高级筛选功能,筛选出单科成绩不合格(低于 60 分)的学生名单,并通知他们补考。

4. 利用分类汇总功能,将全班学生按照性别分类汇总,分析性别对各学科成绩的影响。

5. 分析男女生各科成绩,生成数据透视表。

知识链接

Excel 2010 具有强大的排序与筛选功能,排序是将工作表中的数据按照一定的规律进行显示,而筛选则只在工作表中显示符合一个或多个条件的数据。通过排序和筛选,可以直观地显示工作表中的数据。

1. 排序数据

(1)简单排序。

在工作表中选择需要进行排序的单元格区域,执行"数据"选项标签|"排序和筛选"功能区|"升序"或"降序"命令。

(2)自定义排序。

用户根据需要进行自定义排序,选择数据区域,执行"数据"选项标签|"排序和筛选"功能能区|"自定义排序"命令,在弹出的对话框中设置排序关键字,如图 7-45 所示。

图 7-45 "排序"对话框

2. 筛选数据

筛选数据是从无序且庞大的数据清单中找出符合指定条件的数据,并且剔除无用的数据,从而帮助用户快速、准确地查找与显示有用数据。

(1)自动筛选。

执行"数据"选项标签|"排序和筛选"功能区|"筛选"命令,即可在所选单元格中显示"筛选"按钮,用户可以单击该按钮,在下拉列表中选择"筛选"选项。

(2)自定义自动筛选。

点击"筛选"按钮,在打开的下拉菜单中执行"文本筛选"|"自定义筛选"命令,系统会自动弹出"自定义筛选"对话框,如图 7-46 所示。

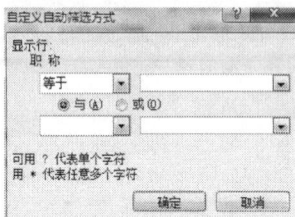

图 7-46　自定义筛选对话框

在该对话框中最多可以设置两个筛选条件,用户可以自定义等于、不等于、大于、小于等 12 种筛选条件。

技巧点拨

⊙与:同时需要满足两个条件。

⊙或:需要满足两个条件中的一个条件。

同时,用户还可以通过下列两种通配符实现模糊查找。

⊙?:(问号)任何单字符。

⊙*:(星号)任何数量字。

(3)高级筛选。

①制作筛选条件。

在工作表第一行前插入三行空白行,在第一行中,输入字段名称,该字段名称与需要筛选区域中数据的字段名称一致。在第二行中,根据字段名称设置不同的筛选条件,如图 7-47 所示。

图 7-47 制作筛选条件

技巧点拨

在制作条件格式时,如果在同一行中输入多个筛选条件,则筛选的结果必须同时满足多个条件,如果在不同行中输入多个筛选条件,则筛选结果只需要满足其中任意一个条件即可。

②制作筛选参数。执行"数据"选项标签|"排序和筛选"功能区|"高级"命令,在弹出的"高级筛选"对话框中设置筛选参数,如图 7-48 所示。

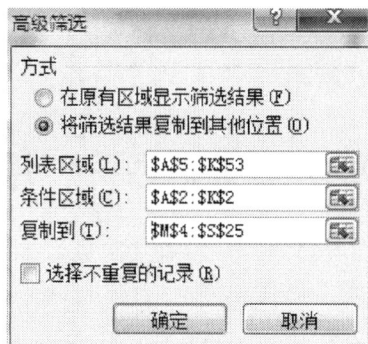

图 7-48 设置筛选参数

该对话框中主要包括下列选项。

①在原有区域显示筛选结果。在原有区域显示筛选结果表示筛选结果显示在原有数据清单位置,原有数据区域被覆盖。

②将筛选结果复制到其他位置。将筛选结果复制到其他位置表示筛选后的结果将显示在指定的单元格区域中,与原表单并存。

③列表区域。设置筛选数据区域。

④条件区域。设置筛选条件区域，即新制作的筛选条件区域。

⑤复制到。设置筛选结果的存放位置。

⑥选项不重复的记录。选中该复选框，表示在筛选结果中将不显示重复的数据。

⑦最后，单击"确定"按钮，即可获得筛选结果。

3. 分类汇总数据

(1)创建分类汇总。

在创建分类汇总之前，需要对数据进行排序，以便将数据中关键字相同的数据集中在一起。选择数据区域中任意单元格，执行"数据"选项标签|"分级显示"功能区|"分类汇总"命令，在弹出的"分类汇总"对话框中设置各项选项即可，如图 7-49 所示。

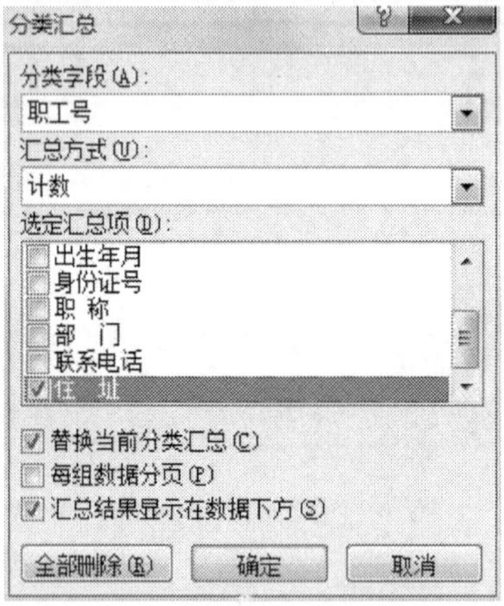

图 7-49　分类汇总对话框

该对话框主要包括下列几种选项。

①分类字段。分类字段用来设置分类汇总的字段依据，包含数据区域中的所有字段。

②汇总方式。汇总方式用来设置汇总函数，包含求和、平均值、最大值等 11 种函数。

③选定汇总项。设置汇总数据列。

④替换当前分类汇总。替换当前分类汇总表示在进行多次汇总操作时，选中该复选框可以清除前一次汇总结果，按本次分类要求进行汇总。

⑤每组数据分页。选中该复选框，表示在打印工作表时，将每一类分别打印。

⑥汇总结果显示在数据下方。选中该复选框，可以将分类汇总结果显示在本类最后一行(系统默认是放在本类的第一行)。

(2)嵌套分类汇总。

嵌套分类汇总是对某项指标汇总，然后将汇总后的数据再汇总，以便做进一步的细化。首先将数据区域进行排序，执行"数据"选项标签|"分级显示"功能区|"分类汇总"命令，在弹出的"分类汇总"对话框中设置各项选项，单击"确定"按钮即可。

4. 创建与编辑图标

创建图表时将单元格区域中的数据以图表的形式进行显示,从而可以更直观地分析表格数据。

(1)图表的组成。

图表由许多部分组成,每一部分就是一个图标项,如图表区、绘图区、标题、坐标轴、数据系列等,其中图表区表示整个图标区域,绘图区位于图表区域的中心,图表的数据系列、网络线等位于该区域中,如图 7-50 所示。

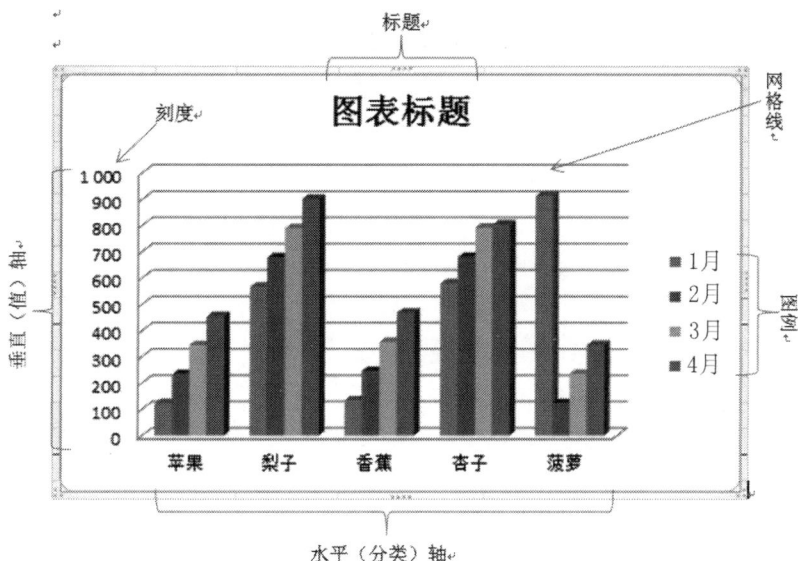

图 7-50　图表组成

(2)图表类型。

Excel 2010 支持各种类型的图表,如柱形图、折线图、饼图、条形图、面积图、散点图等,从而帮助用户以多种方式表示工作中的数据。一般可以用柱形图比较数据间的多少关系,用折线图反映数据的变化趋势,用饼状图表现数据间的比例分配关系,图表的类型如图 7-51 所示。

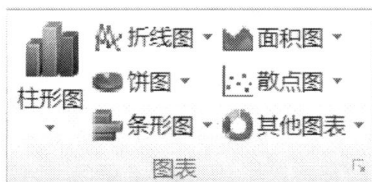

图 7-51　图表的类型

对于大多数图表,如柱形图和条形图,可以将工作表的行或列中所排列的数据绘制在图表中,而有些图表类型(如饼图),则需要特定的数据排列方式。

（3）创建图表。

在 Excel 2010 中创建图表的一般流程如下。

①选定要创建为图表的数据并插入某些类型的图表。

②根据需要编辑图表，如更改图表类型、切换行列、移动图表和为图表快速应用系统内置的样式等。

③根据需要设置图表布局，如添加或取消图表的标题、坐标轴和网格线等。

④根据需要分别对图表的图表区、绘图区、分类（X）轴、数值（Y）轴和图例项等组成元素进行格式化，从而美化图表。

Excel 2010 中的图表分为两种类型：嵌入式图表和独立图表。

嵌入式图表是指与数据源位于同一个工作表的图表。要创建独立图表，可先创建嵌入式图表，然后执行"图表工具"|"设计"选项标签|"位置"功能区|"移动图表"命令，打开"移动图表"会话框，选中"新工作表"按钮，再单击"确定"按钮，即可在原工作表的前面插入一个"Chart＋数字"命名的工作表以放置创建的图表，如图 7-52、图 7-53 所示。

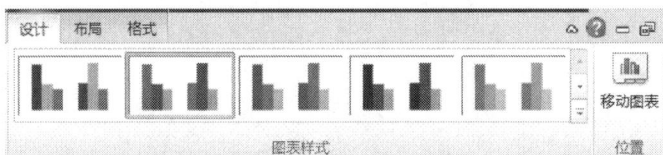

图 7-52　"设计"选项标签

图 7-53　移动图表

（4）编辑图表。

创建图表后，在工作表的其他位置单击可取消图表的选择，单击图表区任意位置可选中图表。选中图表后，"图表工具"选项标签变为可用，用户可使用其中的"设计"子选项标签编辑图表，如更改图表类型，向图表中添加或删除数据，将图表的行、列数据互换，快速更改图表布局和应用图表样式等，如图 7-54 所示。

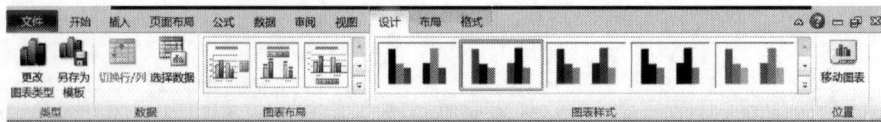

图 7-54　图表设计

(5)设置图表布局和美化图表。

创建图表后,除了可以利用"图表工具"选项标签中的"设计"子选项标签对图表进行编辑和应用系统内置的布局和样式外,还可利用"布局"子选项标签设置图表布局以及利用"格式"子选项标签设置图表各元素的格式以美化图表,如设置图表区、绘图区和坐标轴等的格式。

①设置图表布局。在 Excel 2010 中,可利用"图表工具"下的"布局"选项标签添加或取消图表的标题、坐标轴、网格线和图例等组成元素以及设置这些组成元素在图表中的位置等,从而更改图表布局,如图 7-55 所示。

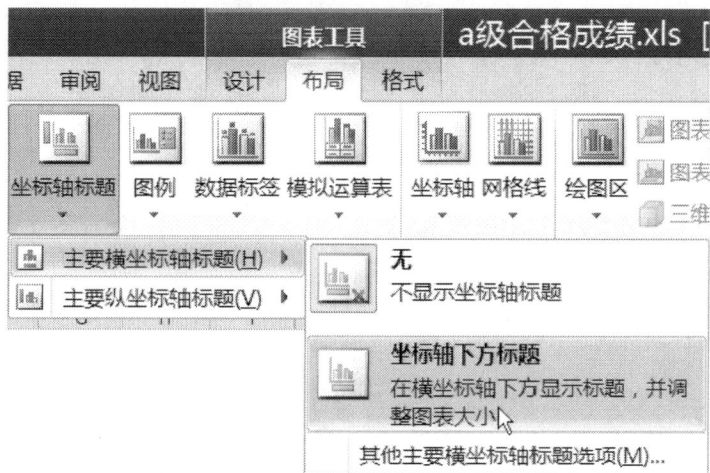

图 7-55 图表布局

②美化图表。创建好图表后,还可以利用"图表工具"下的"格式"选项标签分别对图表的图表区、绘图区、标题、坐标轴、图例项、数据系列等组成元素进行格式设置,如设置填充颜色、边框颜色和字体等,从而美化图表,如图 7-56 所示。

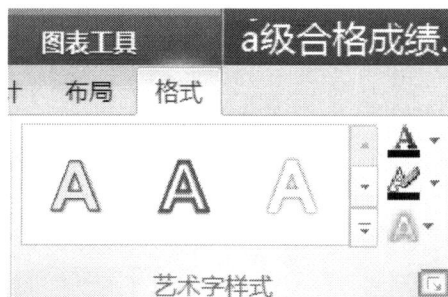

图 7-56 表格式

步骤一　排序

打开学生成绩表工作簿,利用求和函数和平均值函数计算出总分和平均值,单击鼠标左键拖动鼠标选定全班学生的成绩,执行"数据"|"排序"命令打开排序对话框,如图 7-57所示。

图 7-57　"排序"对话框

在排序对话框中"列"选项中选择"总分",如图 7-58 所示,在"排序依据"选项中选择"数值",在"次序"选项中选择"降序",完成所有设置后,单击"确定"按钮完成排序任务,如图7-59所示。

图 7-58　设定排序参数

机电1101"计算机基础"成绩

序号	姓名	性别	学号	数学	语文	英语	历史	化学	生物	平均分	总分
14	李蕾	男	201103030146	90	91	74	82	79	97	86	513
1	柴乐山	男	201103030128	86	88	90	80	79	89	85	512
15	刘丽丽	女	201103030144	87	88	76	80	79	85	83	495
11	李东洋	男	201103030118	75	90	78	82	79	90	82	494
8	冯淑娟	女	201103030141	80	90	78	78	79	87	82	492
2	陈国睿	男	201103030135	75	89	76	79	80	90	82	489
13	李开德	男	201103030102	76	89	76	79	80	88	81	488
3	成永康	男	201103030116	83	88	78	78	79	78	81	484
10	姜丽霞	女	201103030145	79	83	74	81	79	88	81	484
4	崔长虹	女	201103030121	89	90	74	78	75	68	79	474
6	丁思	女	201103030137	84	89	55	80	79	87	79	474
7	杜建强	男	201103030133	89	89	74	77	79	65	79	473
5	狄小婵	女	201103030124	70	90	75	79	80	77	79	471
12	李关关	女	201103030132	87	62	74	80	79	87	78	469
9	郭彩琴	女	201103030140	87	80	73	78	81	67	78	466

图 7-59 排序后的效果

步骤二 筛选低于 80 分的学生名单

在学生成绩表区域内任意单击一个单元格,执行"数据"选项标签|"筛选"命令,此时,成绩表的表头文字所在的每一个单元格后面出现一个倒三角按钮,如图 7-60 所示。

机电1101"计算机基础"成绩

序号	姓名	性别	学号	数学	语文	英语	历史	化学	生物	平均分	总分
14	李蕾	男	201103030146	90	91	74	82	79	97	86	513
1	柴乐山	男	201103030128	86	88	90	80	79	89	85	512
15	刘丽丽	女	201103030144	87	88	76	80	79	85	83	495
11	李东洋	男	201103030118	75	90	78	82	79	90	82	494
8	冯淑娟	女	201103030141	80	90	78	78	79	87	82	492
2	陈国睿	男	201103030135	75	89	76	79	80	82	489	
13	李开德	男	201103030102	76	89	76	79	80	88	81	488
3	成永康	男	201103030116	83	83	78	78	79	78	81	484
10	姜丽霞	女	201103030145	79	83	74	81	79	88	81	484
4	崔长虹	女	201103030121	89	90	74	78	75	68	79	474
6	丁思	女	201103030137	84	89	55	80	79	87	79	474
7	杜建强	男	201103030133	89	89	74	77	79	65	79	473
5	狄小婵	女	201103030124	70	90	75	79	80	77	79	471
12	李关关	女	201103030132	87	62	74	80	79	87	78	469
9	郭彩琴	女	201103030140	87	80	73	78	81	67	78	466

图 7-60 筛选

单击"平均分"所在单元格的倒三角按钮,在下拉菜单中执行"数字筛选"|"大于"命令,如图 7-61 所示,弹出"自定义自动筛选方式"对话框,如图 7-62 所示。

图 7-61 执行筛选

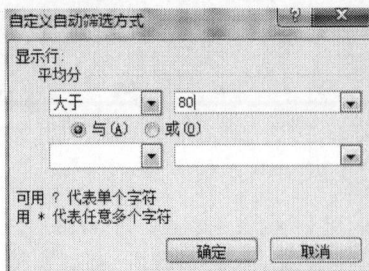

图 7-62 "自定义自动筛选方式"对话框

在"自定义自动筛选方式"对话框大于后面的文字框中输入"80",如图 7-62 所示,单击"确定"按钮完成筛选任务,如图 7-63 所示。

机电1101"计算机基础"成绩

序号	姓名	性别	学号	数学	语文	英语	历史	化学	生物	平均分	总分
14	李蕾	男	201103030146	90	91	74	82	79	9	86	513
1	柴乐山	男	201103030128	86	88	90	80	79	89	85	512
15	刘丽丽	女	201103030144	87	88	76	80	79	85	83	495
11	李东洋	男	201103030118	75	90	78	82	79	90	82	494
8	冯淑娟	女	201103030141	80	90	78	78	79	87	82	492
2	陈国睿	男	201103030135	75	89	76	79	80	90	82	489
13	李开德	男	201103030102	76	89	76	79	80	88	81	488
3	成永康	男	201103030116	83	88	78	78	79	78	81	484
10	姜丽霞	女	201103030145	79	83	74	81	79	88	81	484

图 7-63 筛选后的效果

步骤三 筛选出需补考的学生名单

再次执行"数据"选项标签|"筛选"命令,取消筛选状态,恢复原有状态。

绘制"条件区域",如图 7-64 所示,条件为小于 60,条件关系为"或"关系。

数学	语文	英语	历史	化学	生物
<60					
	<60				
		<60			
			<60		
				<60	
					<60

图 7-64 绘制"条件区域"

执行"数据"选项标签|"高级筛选"命令打开"高级筛选"对话框,单击"列表区域"后区域选择按钮，拖动鼠标选定条件区域(整个成绩表,不包含"学生成绩表"单元格),单击"条件区域"选择按钮,拖动鼠标选择条件区域。单击选择"将筛选结果复制到其他位置"并选择结果粘贴区域,如图 7-65 所示。完成所有设置后,单击"确定"按钮,完成高级筛选,如图 7-66所示。

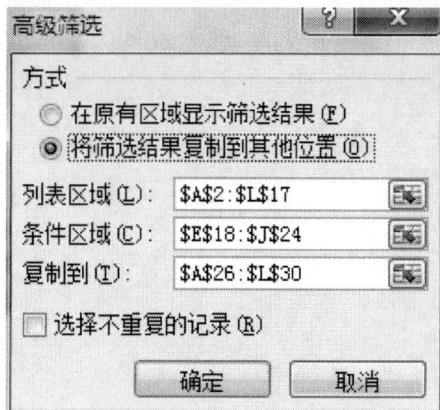

图 7-65　"高级筛选"对话框

序号	姓名	性别	学号	数学	语文	英语	历史	化学	生物	平均分	总分
6	丁思	女	201103030137	84	89	55	80	79	87	79	474

图 7-66　高级筛选结果

步骤四　按性别分类汇总

将全班学生按照性别进行排序。

执行"数据"选项标签|"分类汇总"命令,弹出"分类汇总"对话框,如图 7-67 所示。

图 7-67　"分类汇总"对话框

在"分类汇总"对话框中分别设置"分类字段"为性别,"汇总方式"为平均值,"选定汇总项"为各科目成绩即数学、语文、英语、历史、化学、生物,"替换当前分类汇总"和"汇总结果显示在数据下方"两项,然后单击"确定"按钮,完成汇总,如图 7-68 所示。

1 2 3		A	B	C	D	E	F	G	H	I	J	K	L
	1				机电1101"计算机基础"成绩								
	2	序号	姓名	性别	学号	数学	语文	英语	历史	化学	生物	平均分	总分
	3	15	刘丽丽	女	201103030144	87	88	76	80	79	85	83	495
	4	4	崔长虹	女	201103030121	89	90	74	78	75	68	79	474
	5	5	狄小婢	女	201103030124	70	90	75	79	80	77	79	471
	6	6	丁 思	女	201103030137	84	89	55	80	79	87	79	474
	7	9	郭彩琴	女	201103030140	87	80	73	78	81	67	78	466
	8	8	冯潇娟	女	201103030141	80	90	78	78	79	87	82	492
	9	12	李关关	女	201103030132	87	62	74	80	79	87	78	469
	10	10	姜丽霞	女	201103030145	79	83	74	81	79	88	81	484
	11			女 平均值		82.875	84	72.375	79.25	78.875	81	80	478
	12	14	李蕾	男	201103030146	90	91	74	82	79	97	86	513
	13	1	柴乐山	男	201103030128	86	88	90	80	79	89	85	512
	14	7	杜建强	男	201103030133	89	89	74	77	79	65	79	473
	15	11	李东洋	男	201103030118	75	90	78	82	79	90	82	494
	16	2	陈国睿	男	201103030135	75	89	76	79	80	90	82	489
	17	13	李开德	男	201103030102	76	89	76	79	79	88	81	488
	18	3	成永康	男	201103030116	83	88	78	78	78	78	81	484
	19			男 平均值		82	89.14286	78	79.57143	79.28571	85	82	493
	20			总计平均值		82.46667	86.4	75	79.4	79.06667	83	81	485

图 7-68   分类汇总

步骤五   将数据转换为图表

在分类汇总的基础上,单击 A 列标签左边数字为"2"的按钮,如图 7-69 所示,将所有平均值保留 1 位小数,单击 A2 单元格,拖动鼠标至 L19,选定该三行单元格区域。

1 2 3		A	B	C	D	E	F	G	H	I	J	K	L
	1					机电1101"计算机基础"成绩							
	2	序号	姓名	性别	学号	数学	语文	英语	历史	化学	生物	平均分	总分
	11			女 平均值		82.9	84.0	72.4	79.3	78.9	81	80	478
	19			男 平均值		82.0	89.1	78.0	79.6	79.3	85	82	493
	20			总计平均值		82.5	86.4	75.0	79.4	79.1	83	81	485

图 7-69   数据表

执行"插入"选项标签|"图标"功能区|"柱形图"选项|"圆柱图"样式|"簇状圆柱图"命令,生成如图 7-70 所示的图表。

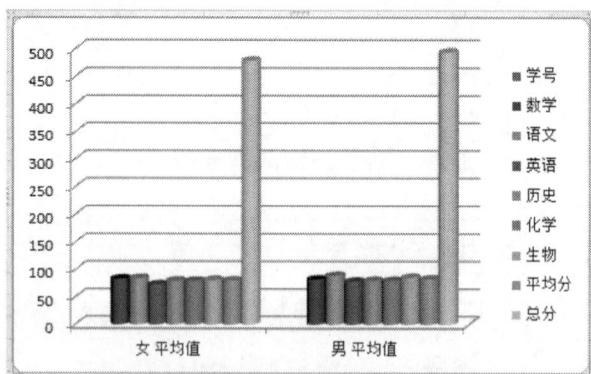

图 7-70   柱状图

为图表添加标题。选定图标,执行"布局"选项标签|"标签"功能区|"图表标题"|"图表上方"命令,如图 7-71 所示。此时图标上方就会多出一个文本框"图表标题",如图 7-72 所示,将"图表标题"更改为"男女生科目成绩分析",完成图表标题的添加。

图 7-71　设置图表标题

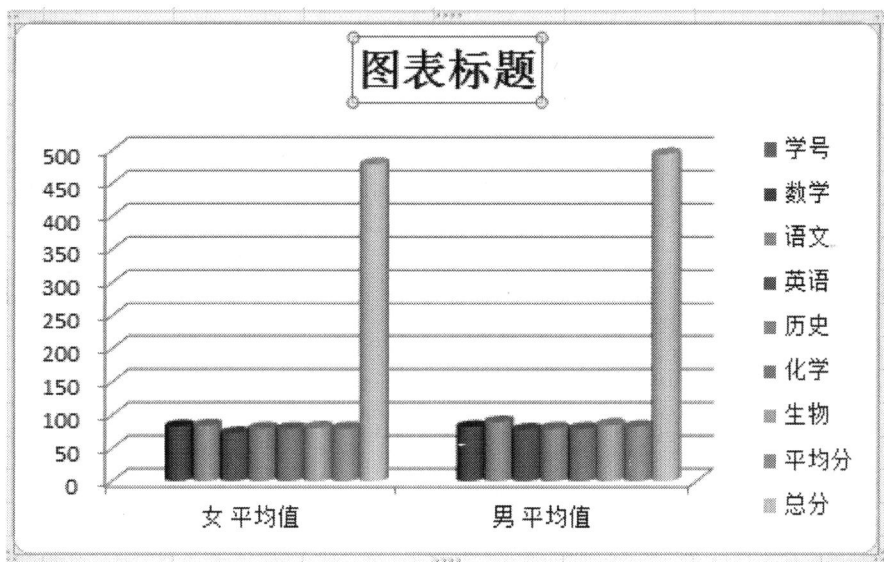

图 7-72　图表标题

选定图表,执行"格式"选项标签 |"当前所选内容"功能区 |"设定所选内容格式"命令,弹出"设置数据系列格式"对话框,如图 7-73 所示。

在"设置数据系列格式"对话框中单击"填充"选项,打开"填充"选项标签选择"图片或纹理填充",在选项标签下面的"纹理"选项中选择"水滴",如图 7-74 所示。

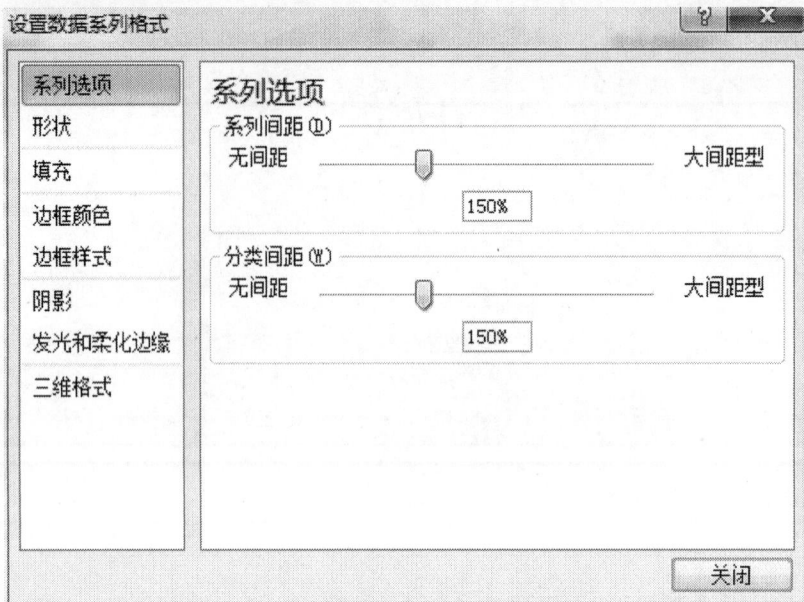

图 7-73 "设置数据系列格式"对话框

图 7-74 设置图表填充方案

在"设置数据系列格式"对话框中单击"三维格式"选项,打开"三维格式"选项标签,设置三维格式棱台顶端为"角度",如图 7-75 所示。

图 7-75 设置图表三维格式

单击"关闭"按钮,完成图表区格式设置,图表的最后效果如图 7-76 所示。

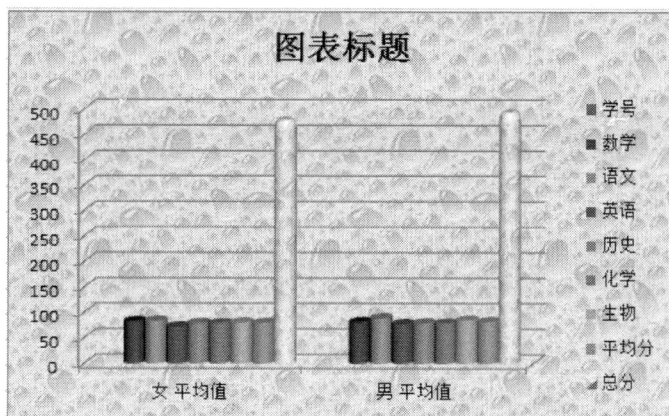

图 7-76 图表最终效果

实战演练

一、选择题

1. 用 Excel 2010 创建一个学生成绩表,如果要按照班级统计某门课程的平均分,则需要使用的方式是(   )。

A. 数据筛选   B. 排序   C. 合并计算   D. 分类汇总

2. 在 Excel 2010 中,下面关于分类汇总的叙述错误的是( )。

A. 分类汇总前必须按关键字排序数据

B. 汇总方式只能是求和

C. 分类汇总的关键字段只能是一个字段

D. 分类汇总可以被删除,但删除汇总后排序操作不能撤销

3. 在 Excel 中,关于"筛选"的正确叙述是( )。

A. 自动筛选和高级筛选都可以将结果筛选至另外的区域中

B. 不同字段之间进行"或"运算的条件必须使用高级筛选

C. 自动筛选的条件只能是一个,高级筛选的条件可以是多个

D. 如果所选条件出现在多列中,并且条件间有"与"的关系,必须使用高级筛选

4. 在 Excel 中,若要使用工作表 Sheet2 中的区域 A1：B2 作为条件区域在工作表 Sheet1 中进行数据筛选,则指定的条件区域应该是( )。

A. Sheet2aI：B2   B. Sheet2！A1：B2

C. Sheet2♯A1：B2   D. A1：B2

5. 在 Excel 中,用筛选条件"数学＞65"与"总分＞250"对成绩数据进行筛选,在筛选结果中都是( )的记录。

A. 数学＞65   B. 数学＞65 且总分＞250

C. 总分＞250   D. 数学＞65 或总分＞250

6. 在 Excel 中,数据排序可以按( )来排序。

A. 时间顺序   B. 数值大小   C. 字母顺序   D. 以上均可

7. 在 Excel 中,数据清单中每一列的数据类型必须( )才能进行分类汇总。

A. 不同   B. 完全相同   C. 部分相同   D. 数值结果相同

8. 在 Excel 中,下列关于排序操作的叙述中,正确的是( )。

A. 用于排序的字段称为"关键字",排列时只能有一个"关键字"

B. 只能按字段值的升序或降序方式进行排列

C. 只能对数值字段进行排序,不能对字符型字段进行排列

D. 一旦排序后就不能恢复原来的记录序列

二、简答题

1. 若用自动筛选法,怎样筛选出"姓名"列中含有姓"张"的所有记录?具体如何操作?

2. 对数据清单进行高级筛选时,筛选条件是什么样的表达式?筛选条件必须包括什么?

三、操作题

在 Excel 电子表格中录入如图 7-77 所示数据,按要求操作。

学生成绩表					
编号	姓名	英语	计算机	数学	总成绩
001	张三	85	80	86	
002	李四	62	81	95	
003	王五	85	82	82	
004	赵六	98	83	82	
005	马七	78	78	75	
006	杨八	85	85	82	
007	刘九	65	78	75	
008	张四	75	85	82	
009	李士	35	95	65	
010	王六	75	58	75	
	平均分				
	最高分				

图 7-77 成绩表

（1）设置工作表行、列。

标题行行高 3 厘米，其余行高为 2 厘米。

（2）设置单元格。

①标题格式：字体楷书，字号 20，字体颜色为红色，跨列居中，底纹黄色。

②将成绩右对齐，其他各单元格内容居中。

（3）设置表格边框。外边框为双线，深蓝色；内边框为细实心框，黑色。

（4）重命名工作表。将 sheet1 工作表重命名为"学生成绩表"。

（5）复制工作表。将"学生成绩表"工作表复制到 sheet2 中。

（6）将姓名和总成绩建立图表并将图表命名。

（7）计算学生总成绩、平均成绩、最高成绩。

（8）按总成绩递增排序。

（9）数据筛选。筛选"数学"字段选择"＞90 分"。

任务四　Excel 数据透视表应用——部门费用管理与分析

任务情景

　　每个学期期末都是学院各个部门最忙的时候,学院的财务部门更是忙得不可开交:他们需要统计各种经费的支出结果,分析各项支出的具体情况并作比较,这些数据的处理分析往往会让很多工作人员头疼,但是使用 Excel 处理这些事务就轻松多了。

任务目标及效果

　　完成学院一学期各月的各种经费支出统计,做出详细的对比图,如图 7-78、图 7-79 所示。

行标签	办公用品	会议费	科研费	培训费	学生活动经费	总计
⊟地矿与建筑工程系	670		2100	1200		3970
3月份	670		2100	1200		3970
⊟化学工程系	520		1100	620	410	2650
6月份	520		1100	620	410	2650
⊟机电工程系			3150		930	4080
5月份			3150		930	4080
⊟冶金与材料工程系	540	480	1400		610	3030
4月份	540	480	1400		610	3030
总计	1730	480	7750	1820	1950	13730

图 7-78　数据透视表

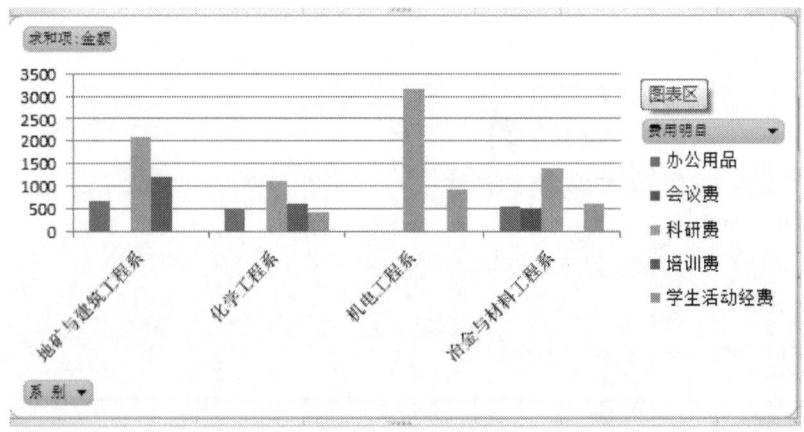

图 7-79　数据透视图

任务分析

> 建立经费支出统计表,将各个系部的经费支出情况全部录入 Excel 中。
> 1. 以经费支出统计表作为数据源做出各系经费支出统计的数据透视表。
> 2. 以经费支出统计表作为数据源做出各系经费支出统计的数据透视图。

知识链接

数据透视表是一种具有创造性和交互性的报表。使用数据透视表,可以汇总、分析、浏览与提供汇总数据。而数据透视表强大的功能主要体现在可以使杂乱无章、数据庞大的数据表快速有序地显示出来,它是 Excel 2010 用户不可缺少的数据分析工具。

1. 创建数据透视表

选择需要创建数据透视表的数据区域,该数据区域要包含列标题。执行"插入"选项标签|"表格"功能区|"数据透视表"选项|"数据透视表"命令,如图 7-80 所示。

图 7-80 插入数据透视表

该对话框主要包括以下选项。

(1)选择一个表或区域。

选中该单选按钮,表示可以在当前工作簿中选择创建数据透视表的数据。

(2)使用外部数据源。

选中该单选按钮后单击"选择链接"按钮,在弹出的"现有链接"对话框中选择链接数据即可。

(3)新工作表。

选中该单选按钮,可以将创建的数据透视表显示在新的工作表中。

（4）现有工作表。

选中该单选按钮，可以将创建的数据透视表显示在当前工作表所指定的位置中。

对话框中单击"确定"按钮，即可在工作表中插入数据透视表，并在窗口右侧自动弹出"数据透视表字段列表"任务窗格。用户在"选择要添加到报表的字段"列表框中选择要添加的字段即可，如图 7-81 所示。

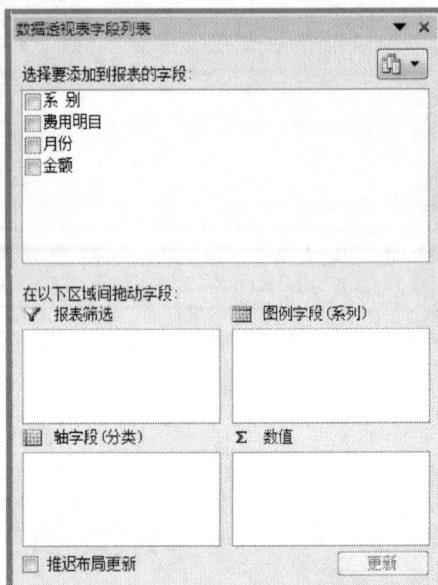

图 7-81 "数据透视表字段列表"任务窗口

用户也可以在数据透视表中，像创建图表那样创建以图形形状显示数据的透视表透视图。选中数据透视表，执行"选项"|"工具"|"数据透视图"命令，在弹出的"插入图表"对话框中选择需要插入的图标类型即可，如图 7-82 所示。

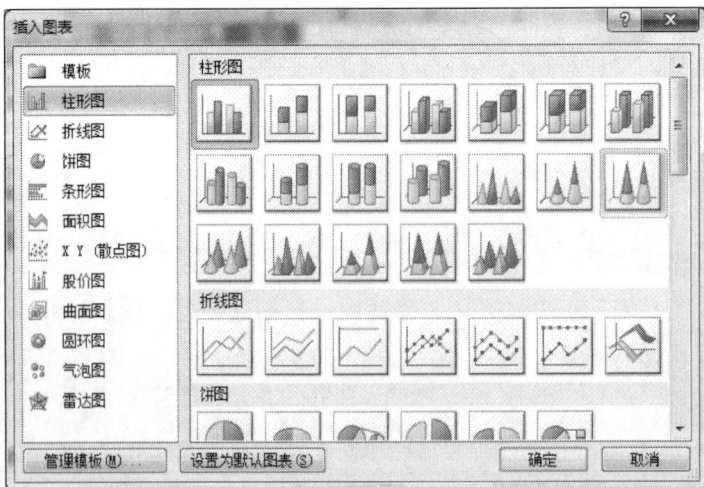

图 7-82 "插入图表"对话框

用户可以执行"插入"选项标签 |"表"功能区 |"数据透视表"命令,选择"数据透视图"选项,创建数据透视图。

2. 编辑数据透视表

创建数据透视表之后,为了适应分析数据的需求,需要编辑数据透视表。其编辑内容主要包括更改数据的计算类型、筛选数据等内容。

(1)在"数据透视表字段列表"任务窗格中的"数值"列表框中,单击"数值类型",选择"值字段设置"选项,在弹出的"值字段设置"对话框中的"计算类型"列表框中选择计算类型即可,如图 7-83 所示。

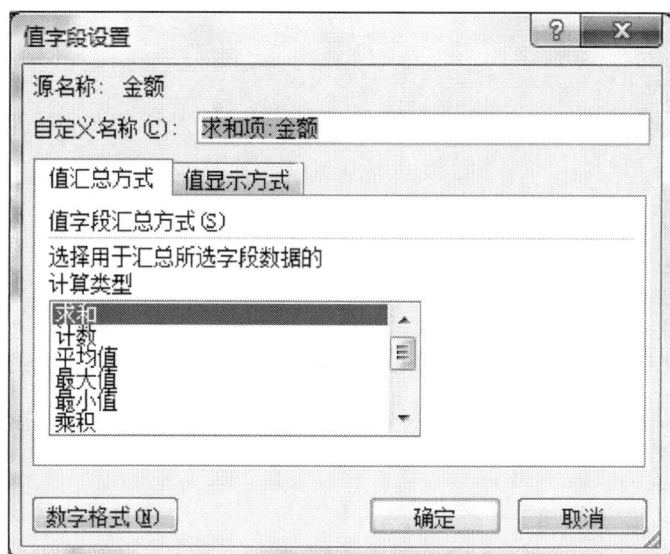

图 7-83　"值字段设置"对话框

用户也可以通过执行"选项"|"计算"|"按值汇总"命令,在其列表中选择相应的方法来更改计算类型。

(2)设置数据透视表样式。

Excel 2010 为用户提供了浅色、中等深色、深色三种类型共 85 种样式。选择数据透视表,执行"设计"选项标签 |"数据透视表样式"功能区命令,在下拉列表中选择一种样式即可,如图 7-84 所示。

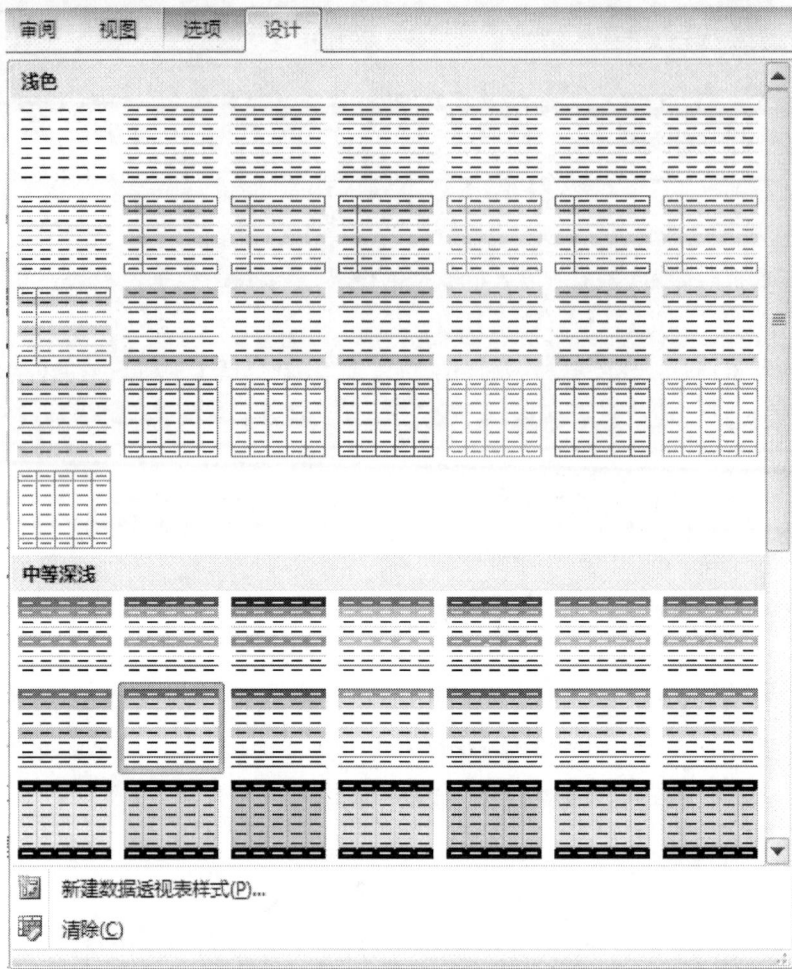

图 7-84 数据透视表样式

（3）筛选数据。

选择数据透视表，在"数据透视表字段列表"任务窗格中，将需要筛选数据的字段名称拖动到"报表筛选"列表框中。此时，在数据透视表上方将显示筛选列表，用户可单击"筛选"按钮，对数据进行筛选。

另外，用户还可以在"行标签""列标签"或"数值"列表框中单击需要筛选的字段名称后面的下三角按钮，在下拉列表中选择"移动到报表筛选"选项，将该值字段设置为可筛选的字段。

任务实施

步骤一　制作学院经费统计表

制作"学院 3～6 月份各系经费支出统计表"工作簿，并在 Sheet 1 工作表中录入如图 7-85 所示的数据，将工作表 Sheet1 重新命名为"经费支出统计表"，设置好单元格格式。

	A	B	C	D
1	学院3~6月份各系经费支出统计表			
2	系 别	费用明目	月份	金额
3	地矿与建筑工程系	办公用品	3月份	670
4	冶金与材料工程系	会议费	4月份	480
5	机电工程系	科研费	5月份	1500
6	化学工程系	学生活动经费	6月份	410
7	地矿与建筑工程系	培训费	3月份	1200
8	冶金与材料工程系	科研费	4月份	1400
9	机电工程系	学生活动经费	5月份	560
10	化学工程系	办公用品	6月份	520
11	地矿与建筑工程系	科研费	3月份	850
12	冶金与材料工程系	学生活动经费	4月份	610
13	机电工程系	科研费	5月份	1650
14	化学工程系	培训费	6月份	620
15	地矿与建筑工程系	科研费	3月份	1250
16	冶金与材料工程系	办公用品	4月份	540
17	机电工程系	学生活动经费	5月份	370
18	化学工程系	科研费	6月份	1100

图 7-85 经费支出统计表

步骤二 以经费支出统计表作为数据源做出各系经费支出统计的数据透视表

打开“学院 3～6 月份各系经费支出统计表”工作簿，在工作表“经费支出统计表”中选定单元格 A2 至 D18 区域，执行“插入”选项标签|“表格”功能区|“数据透视表”命令，弹出“创建数据透视表”对话框，如图 7-86 所示。

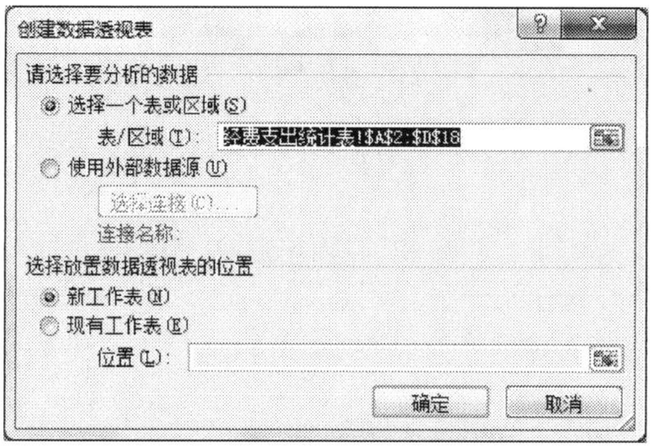

图 7-86 “创建数据透视表”对话框

在打开的“创建数据透视表”对话框中“选择一个表或区域”选项下的数据导入处显示“经费支出统计表！＄A＄2：＄D＄18”字样，它代表创建数据透视表的数据源，将“选择放置数据透视表的位置”选项设置为默认的“新工作表(N)”，单击“确定”按钮，将新建如图 7-87 所示的工作表。

在工作表右边“数据透视表字段列表”任务窗格中将“选择要添加到报表的字段”中的“费用明目”拖入“在以下区域间拖动字段”中的“行标签”下方的区域中，工作表中显示如图 7-88 所示的数据透视表。

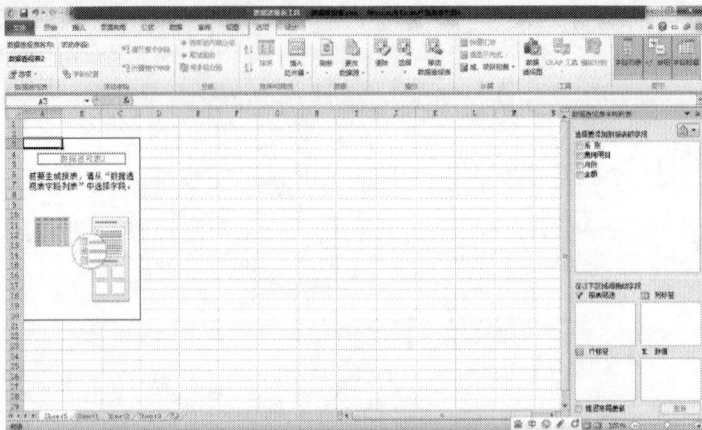

图 7-87 新建的"数据透视表"工作表

图 7-88 未完成的数据透视表

按照上面的方法将"系别"和"月份"拖入到"列标签"区域中,将"金额"拖入到"数值"区域中,完成操作后,工作表中出现如图 7-89 所示的数据透视表。

图 7-89 完成的数据视表

步骤三 以经费支出统计表作为数据源做出各系经费支出统计的数据透视图

打开"学院 3~6 月份各系经费支出统计表"工作簿,在工作表"经费支出统计表"中选定单元格 A2 至 D18 区域,执行"插入"选项标签|"表格"功能区|"数据透视表"选项|"数据透视图"命令,弹出"创建数据透视表及数据透视图"对话框,如图7-90 所示。

在打开的"创建数据透视表及数据透视图"对话框中"选择一个表或区域"选项下的数据导入处显示"经费支出统计表!＄A＄2：＄D＄18"字样,它代表创建数据透视表的数据源,

将"选择放置数据透视表的位置"选项设置为默认的"新工作表（N）"，单击"确定"按钮，将新建如图 7-91 所示的工作表。

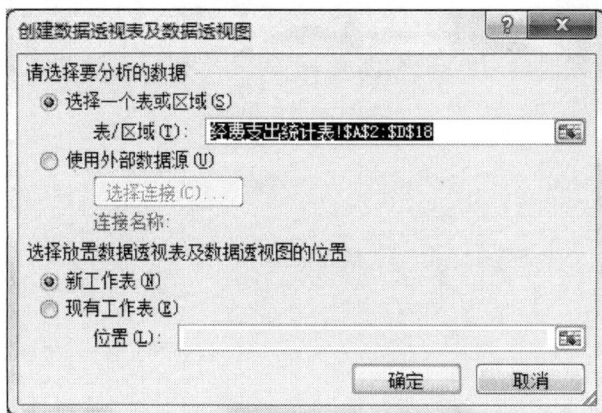

图 7-90　"创建数据透视表及数据透视图"对话框

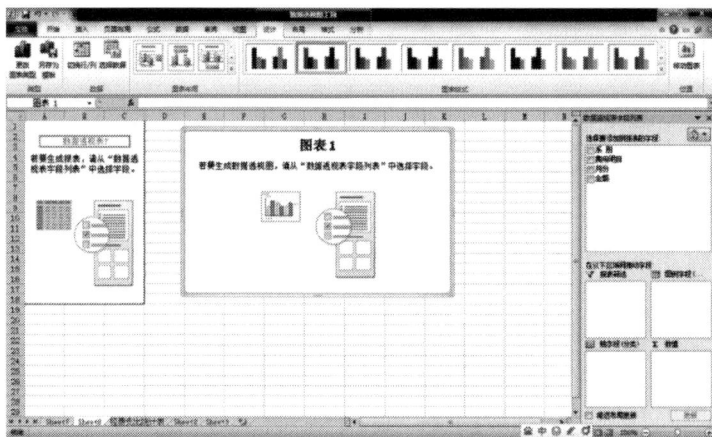

图 7-91　未设置数据透视图工作表

　　单击数据透视表区域，在工作表右边"数据透视表字段列表"任务窗格中将"选择要添加到报表的字段"中的"费用明目"拖入"在以下区域间拖动字段"中的"行标签"下方的区域中，依此方法再将"系别"和"月份"拖入到"列标签"区域中，将"金额"拖入到"数值"区域中，完成操作后，工作表中出现如图 7-92 所示的数据透视图。

　　单击数据透视图任意位置，执行"布局"选项标签 | "坐标轴"功能区 | "网线格" | "主要横网线格" | "无"命令取消横向网线格，执行"布局"选项标签 | "坐标轴"功能区 | "网线格" | "主要纵网线格" | "主要网线格"命令添加纵向主要网线格，为图标添加标题为"学院 3～6 月份各系经费支出统计"，完成设置的数据统计图如图 7-93 所示。

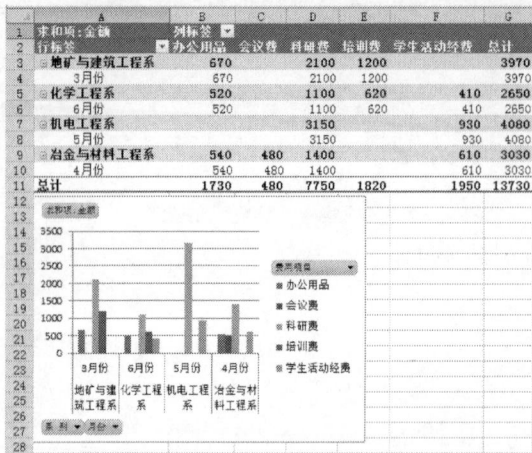

图 7-92　数据透视图

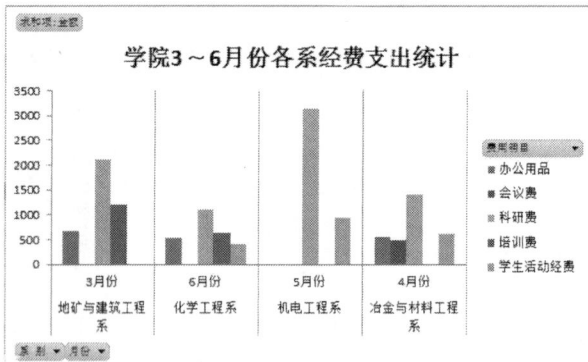

图 7-93　数据透视图设置效果

实战演练

一、操作题

在 Excel 工作簿中录入如图 7-94 所示的数据,根据表中数据创建透视表,其中,报表筛选中为"平均值",行标签为"月份",数值为"一车间、二车间"。

月份	一车间	二车间	平均值
1	16	12	14
2	12	67	39.5
3	14	18	16
4	51	33	42
5	56	25	40.5
6	22	19	20.5
7	12	24	18
8	15	20	17.5
9	24	31	27.5
10	31	16	23.5
11	22	24	23
12	9	11	10

图 7-94　车间数据

项目 8 PowerPoint 2010 软件的应用

PowerPoint 2010 是 Office 2010 软件中专门用于制作演示文稿的组件,它拥有强大的文字、多媒体、表格、图像等对象功能,不仅可以制作出集文字、图形、图像与声音等多媒体于一体的演示文稿,而且还可以将用户所表达的信息以图文并茂的形式展现出来,从而达到最佳的演示效果。

任务一 制作"镍都金昌欢迎您"演示文稿

任务情景

小王同学的家乡在甘肃省金昌市,他想让更多的人了解他的家乡,于是他利用 PowerPoint 2010 制作了一个演示文稿,来介绍自己美丽的家乡——镍都金昌。

任务目标及效果

本任务的目标是制作"镍都金昌欢迎您.pptx"演示文稿。整个演示文稿由 22 张幻灯片组成,通过文字、图片和艺术字使演示文稿的内容更加清晰生动。

任务分析

本任务制作"镍都金昌欢迎您.pptx"演示文稿,是通过对金昌市的工业发展概况、旅游资源、交通、人文环境、饮食文化等的介绍来掌握 PowerPoint 的各项功能。在制作演示文稿前,首先应掌握本任务的制作内容、制作流程和制作素材。

制作内容指任务实现时所用到的各种数据、图片、音乐视频等材料,即金昌市工业发展概况、人文环境、饮食文化、各旅游景点的图片等。在制作流程方面,应按照预先设

计的框架进行制作,演示文稿所用到的素材应统一放到一个文件夹中备用。

    1. 新建并保存演示文稿。

    2. 添加文本。

    3. 插入图片。

    4. 插入艺术字。

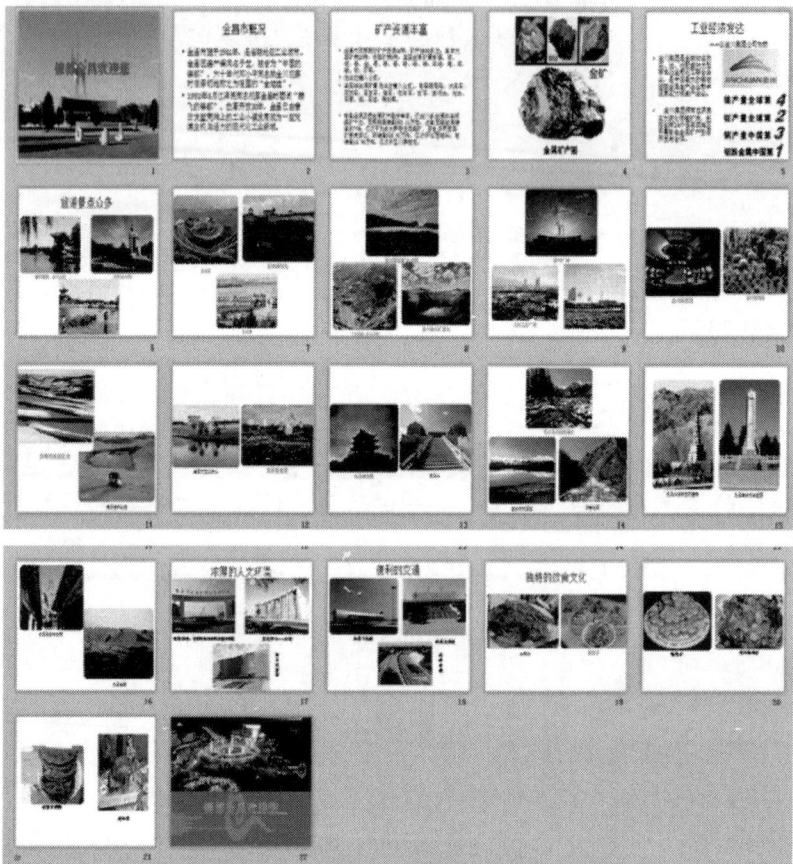

图 8-1 "镍都金昌欢迎您.pptx"演示文稿缩略图

知识链接

1. PowerPoint 2010 工作界面

    启动 PowerPoint 2010 后将进入其工作界面,熟悉其工作界面各组成部分是制作演示文稿的基础。PowerPoint 2010 工作界面是由标题栏、"文件"菜单、功能选项组、快速访问工具栏、功

能区、"幻灯片/大纲"窗格、幻灯片编辑区、备注窗格和状态栏等部分组成,如图 8-2 所示。

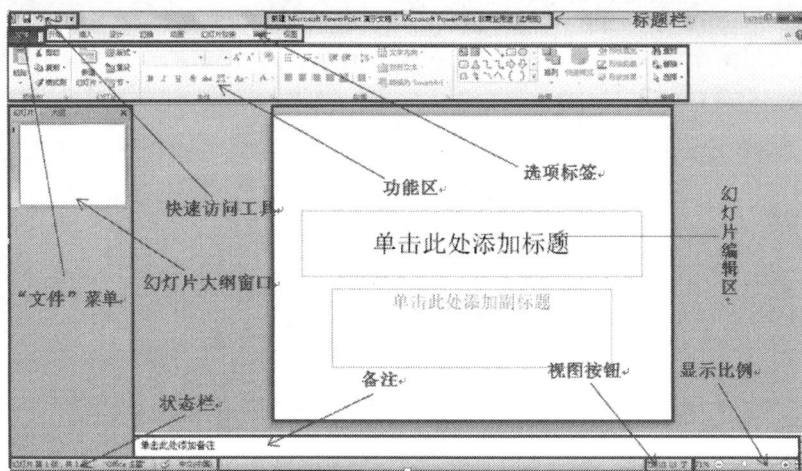

图 8-2　PowerPoint 2010 工作界面

PowerPoint 2010 工作界面各部分的组成及作用介绍如下。

(1)标题栏。

标题栏位于 PowerPoint 2010 工作界面的右上角,它用于显示演示文稿名称和程序名称,最右侧的三个按钮分别用于对窗口执行最小化、最大化和关闭等操作。

(2)快速访问工具栏。

快速访问工具栏上提供了最常用的"保存"按钮、"撤销"按钮和"恢复"按钮,单击对应的按钮可执行相应的操作。如需在快速访问工具栏中添加其他按钮,可单击其后的按钮,在弹出的菜单中选择所需的命令即可。

(3)"文件"菜单。

"文件"菜单用于执行 PowerPoint 2010 演示文稿的新建、打开、保存和退出等基本操作;该菜单右侧列出了用户经常使用的演示文档名称。

(4)选项标签。

选项标签相当于菜单命令,它将 PowerPoint 2010 的所有命令集成在几个功能区中,选择某个功能区可切换到相应的功能选项。

(5)功能区。

功能区在功能区中有许多自动适应窗口大小的工具栏,不同的工具栏中又放置了与此相关的命令按钮或列表框。

(6)"幻灯片/大纲"窗格。

"幻灯片/大纲"窗格用于显示演示文稿的幻灯片数量及位置,通过它可更加方便地掌握整个演示文稿的结构。在"幻灯片"窗格下,将显示整个演示文稿中幻灯片的编号及缩略图;在"大纲"窗格下列出了当前演示文稿中各张幻灯片中的文本内容。

（7）幻灯片编辑区。

幻灯片编辑区是整个工作界面的核心区域，用于显示和编辑幻灯片，在其中可输入文字内容、插入图片和设置动画效果等，是使用 PowerPoint 2010 制作演示文稿的操作平台。

（8）备注。

备注位于幻灯片编辑区下方，可供幻灯片制作者或幻灯片演讲者查阅该幻灯片信息或在播放演示文稿时对需要的幻灯片添加说明和注释。

（9）状态栏。

状态栏位于工作界面最下方，用于显示演示文稿中所选的当前幻灯片以及幻灯片总张数、幻灯片采用的模板类型、视图切换按钮以及页面显示比例等。

2. PowerPoint 2010 的视图切换

为满足用户不同的需求，PowerPoint 2010 提供了多种视图模式以编辑查看幻灯片，在工作界面下方单击视图切换按钮中的任意一个按钮，即可切换到相应的视图模式下。下面对各视图进行介绍。

（1）普通视图。

PowerPoint 2010 默认显示普通视图，在该视图中可以同时显示幻灯片编辑区、"幻灯片/大纲"窗格以及备注窗格。它主要用于调整演示文稿的结构及编辑单张幻灯片中的内容，如图 8-3 所示。

图 8-3　普通视图

（2）幻灯片浏览视图。

在幻灯片浏览视图模式下可浏览幻灯片在演示文稿中的整体结构和效果，如图 8-4 所示。此时在该模式下也可以改变幻灯片的版式和结构，如更换演示文稿的背景、移动或复制幻灯片等，但不能对单张幻灯片的具体内容进行编辑。

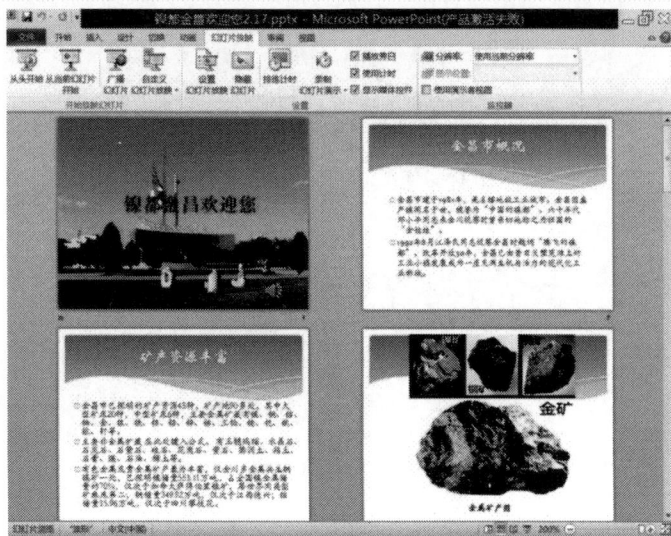

图 8-4　幻灯片浏览视图

（3）阅读视图。

阅读视图仅显示标题栏、阅读区和状态栏，主要用于浏览幻灯片的内容。在该模式下，演示文稿中的幻灯片将以窗口大小进行放映，如图 8-5 所示。

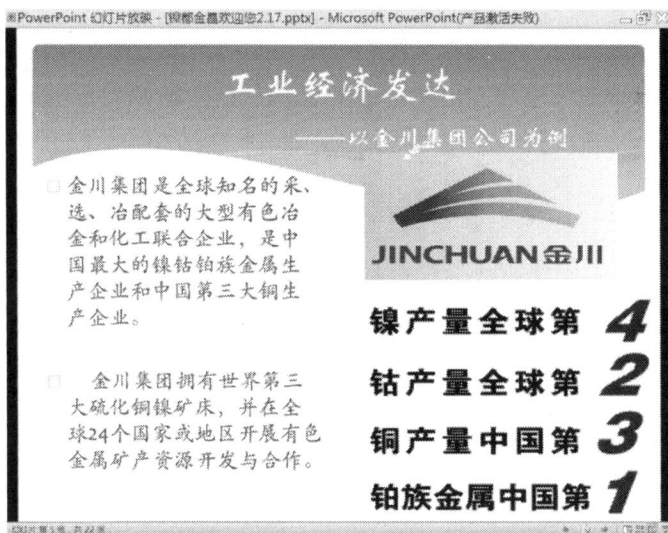

图 8-5　阅读视图

（4）幻灯片放映视图。

在幻灯片放映视图模式下，演示文稿中的幻灯片将以全屏动态放映，如图 8-6 所示。该模式主要用于预览幻灯片在制作完成后的放映效果，以便及时对在放映过程中不满意的地方进行修改，测试插入的动画、更改声音等效果，还可以在放映过程中标注出重点，观察每张幻灯片的切换效果等。

图 8-6　幻灯片放映视图

(5)备注视图。

备注视图与普通视图相似,只是没有"幻灯片/大纲"窗格,在此视图下,幻灯片编辑区中完全显示当前幻灯片的备注信息。

3. 基本概念及术语

演示文稿由"演示"和"文稿"两个词语组成,这说明它是用于演示某种效果而制作的文档,其主要用于会议、产品展示和教学课件等领域。演示文稿是由多张幻灯片组成的,而演示文稿中的每一页就叫幻灯片,每张幻灯片都是演示文稿中既相互独立又相互联系的内容。演示文稿和幻灯片之间是说明与被说明的关系。

(1)演示文稿。

演示文稿是指由 PowerPoint 制作的".pptx"文件,这个文件把所有为某一个演示而制作的一系列材料,如集文字、表格、图形、图像及声音为一体,并用幻灯片的形式组织起来,能够生动形象地表达演讲者要介绍的内容。

(2)幻灯片。

在 PowerPoint 演示文稿中创建和编辑的单页称为幻灯片。一份演示文稿由若干张相互联系并按一定顺序排列的幻灯片组成,制作演示文稿就是制作其中的每一张幻灯片。

(3)对象。

演示文稿中的每一张幻灯片由若干对象组成,对象是幻灯片中重要的组成元素。文本、图片、组织结构图、表格、音频、视频等元素都是以对象的形式出现在幻灯片中。制作幻灯片的过程,实际上就是编辑每一个对象的过程。

4. 启动与退出 PowerPoint 2010

在使用 PowerPoint 2010 制作演示文稿前,必须先启动 PowerPoint 2010。当完成演示文稿制作后、不再需要使用该软件编辑演示文稿时就应退出 PowerPoint 2010。

（1）启动 PowerPoint 2010。

启动 PowerPoint 2010 的方式有多种，用户可根据需要进行选择。常用的启动方式有如下几种。

①通过"开始"菜单启动。执行"开始"|"所有程序"|"Microsoft Office"|"Microsoft Office PowerPoint 2010"命令。

②通过桌面快捷图标启动。若在桌面上创建了 PowerPoint 2010 快捷图标，双击图标即可快速启动。

技巧点拨

为 PowerPoint 2010 创建桌面快捷图标

在"开始"菜单的 PowerPoint 2010 启动选项上单击鼠标右键，在弹出的快捷菜单中执行"发送到"|"桌面快捷方式"命令，即可在桌面上创建快捷图标。

（2）退出 PowerPoint 2010。

当制作完成或不需要使用该软件编辑演示文稿时，可对软件执行退出操作，将其关闭。退出的方法是：在 PowerPoint 2010 工作界面标题栏右侧单击"关闭"按钮或执行"文件"菜单|"退出"命令，退出 PowerPoint 2010。

5. 创建新演示文稿。

为了满足各种办公需要，PowerPoint 2010 提供了多种创建演示文稿的方法，如创建空白演示文稿、利用模板创建演示文稿、使用主题创建演示文稿以及使用 Office.com 上的模板创建演示文稿等，下面就对这些创建方法进行讲解。

（1）创建空白演示文稿。

启动 PowerPoint 2010 后，系统会自动新建一个空白演示文稿。除此之外，用户还可通过命令或快捷菜单创建空白演示文稿，其操作方法分别如下。

①通过快捷菜单创建。在桌面空白处单击鼠标右键，在弹出的快捷菜单中执行"新建"|"Microsoft PowerPoint 演示文稿"命令，在桌面上将新建一个空白演示文稿，如图 8-7 所示。

②通过命令创建。启动 PowerPoint 2010 后，执行"文件"菜单|"新建"命令，在"可用的模板和主题"栏中单击"空白演示文稿"图标，再单击"创建"按钮，即可创建一个空白演示文稿，如图 8-8 所示。

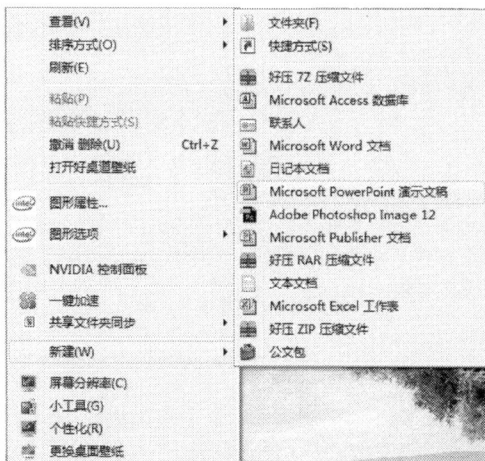

图 8-7　通过快捷菜单创建演示文稿

图 8-8 通过命令创建演示文稿

技巧点拨

通过快捷键新建空白演示文稿

启动 PowerPoint 2010 后,按 Ctrl＋N 组合键可快速新建一个空白演示文稿。

(2)利用模板创建演示文稿。

时间不宽裕或不知如何制作演示文稿的用户,可利用 PowerPoint 2010 提供的模板来进行演示文稿的创建,其方法与通过命令创建空白演示文稿的方法类似。启动 PowerPoint 2010,执行"文件"|"新建"命令,在"可用的模板和主题"栏中单击"样本模板"按钮,在打开的页面中选择所需的模板选项,单击"创建"按钮,如图 8-9 所示。返回 PowerPoint 2010 工作界面,即可看到新建的演示文稿效果,如图 8-10 所示。

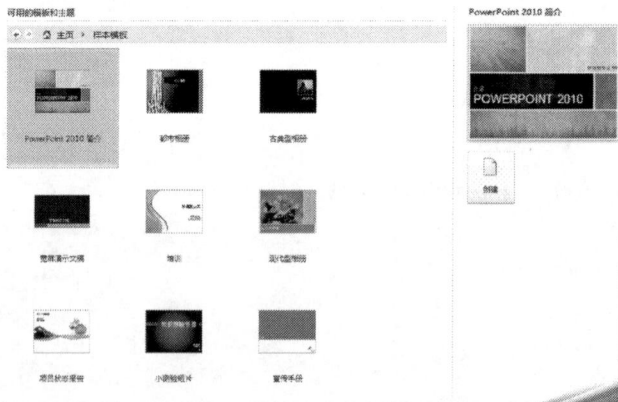

图 8-9 选择样本模板

图 8-10　创建的演示文稿效果

技巧点拨

利用主题创建演示文稿

使用主题可使没有专业设计水平的用户设计出专业的演示文稿效果。其方法是：执行"文件"|"新建"命令，在打开页面的"可用的模板和主题"栏中单击"主题"按钮，再在打开的页面中选择需要的主题，最后单击"创建"按钮。

(3)使用 Office.com 上的模板创建演示文稿。

如果 PowerPoint 自带的模板不能满足用户的需要，就可使用 Office.com 上的模板来快速创建演示文稿。其方法是：执行"文件"菜单|"新建"命令，在"Office.com 模板"栏下的搜索栏中输入"商务"，点击开始搜索按钮。在打开的页面中选择"商务女性设计模板"模板样式，单击"下载"按钮，在打开的"正在下载模板"对话框中将显示下载的进度，如图 8-11 所示。下载完成后，电脑将自动根据下载的模板创建演示文稿，如图 8-12 所示。

图 8-11　下载模板

图 8-12　创建的演示文稿效果

技巧点拨

使用 Office.com 上的模板创建演示文稿

使用 Office.com 上的模板来创建演示文稿的前提是必须联网,因为需要从 Office.com 上下载模板后才能创建。

6.保存演示文稿

对制作好的演示文稿需要及时保存在电脑中,以免发生遗失或误操作。保存演示文稿的方法有很多,下面将分别进行介绍。

(1)直接保存演示文稿。

直接保存演示文稿是最常用的保存方法。其方法是:执行"文件"菜单|"保存"命令或单击快速访问工具栏中的"保存"按钮,打开"另存为"对话框,选择保存位置和输入文件名,单击"保存"按钮。

(2)另存为演示文稿。

若不想改变原有演示文稿中的内容,可通过"另存为"命令将演示文稿保存在其他位置。其方法是:执行"文件"菜单|"另存为"命令,打开"另存为"对话框,设置保存的位置和文件名,单击"保存"按钮,如图 8-13 所示。

图 8-13　"另存为"对话框

（3）将演示文稿保存为模板。

为了提高工作效率，可根据需要将制作好的演示文稿保存为模板，以备以后制作同类演示文稿时使用。其方法是：执行"文件"|"保存"命令，打开"另存为"对话框，在"保存类型"下拉列表框中选择"PowerPoint模板"选项，单击"保存"按钮。

（4）自动保存演示文稿。

在制作演示文稿的过程中，为了减少不必要的损失，可为正在编辑的演示文稿设置定时保存。其方法是：执行"文件"菜单|"选项"命令，打开"PowerPoint选项"对话框，选择"保存"选项组，在"保存演示文稿"栏中进行如图8-14所示的设置，并单击"确定"按钮。

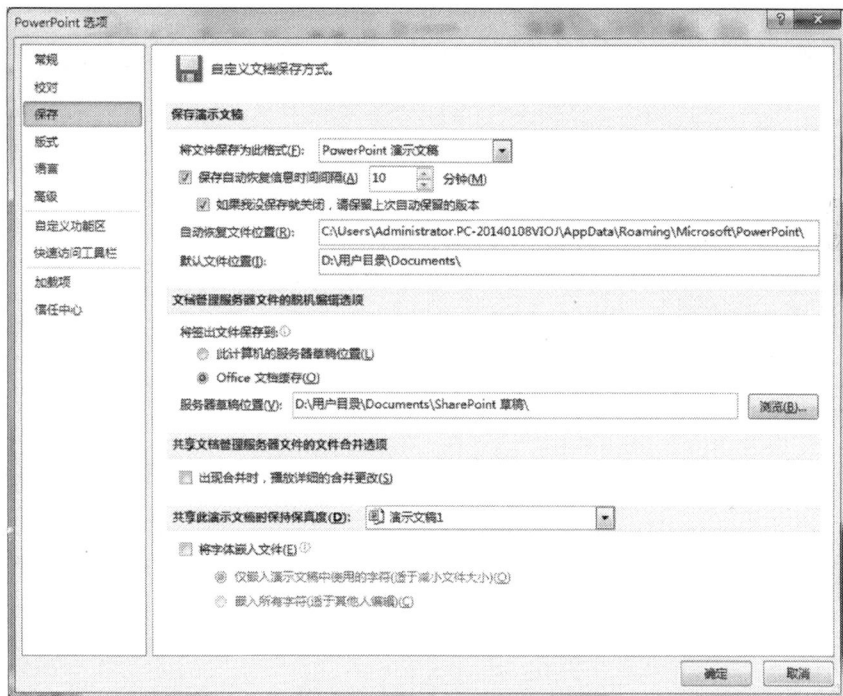

图8-14　设置自动保存演示文稿

技巧点拨

更改自动恢复文件位置和默认文件位置

在"PowerPoint选项"对话框的"保存"选项标签中还可对"自动恢复文件位置"和"默认文件位置"进行更改。其方法是：在"保存演示文稿"栏的"自动恢复文件位置"和"默认文件位置"文本框中输入文件路径。

7. 关闭演示文稿

对打开的演示文稿编辑完成后，若不再需要对演示文稿进行其他的操作，可将其关闭。关闭演示文稿的常用方法有以下几种。

（1）通过快捷菜单关闭。

在 PowerPoint 2010 工作界面标题栏上单击鼠标右键,在弹出的快捷菜单中选择"关闭"命令。

（2）单击按钮关闭。

单击 PowerPoint 2010 工作界面标题栏右上角的按钮,关闭演示文稿并退出 PowerPoint 程序。

（3）通过命令关闭:在打开的演示文稿中执行"文件"菜单|"关闭"命令,关闭当前演示文稿。

技巧点拨

保存修改的演示文稿

在关闭 PowerPoint 软件时,如果编辑的某个演示文稿的内容还没有进行保存,将出现提示对话框,在其中单击"保存"按钮,保存对文档的修改并退出 PowerPoint 2010;单击"不保存"按钮,将不保存对文档的修改并退出 PowerPoint 2010;单击"取消"按钮,则仍回到关闭前的页面。

8. 新建幻灯片

演示文稿是由多张幻灯片组成的,用户可以根据需要在演示文稿的任意位置新建幻灯片。常用的新建幻灯片的方法主要有如下两种。

（1）通过快捷菜单新建幻灯片。启动 PowerPoint 2010,在新建的空白演示文稿的"幻灯片"窗格空白处单击鼠标右键,在弹出的快捷菜单中选择"新建幻灯片"命令,如图 8-15 所示。

图 8-15　新建幻灯片

（2）通过选择版式新建幻灯片。

版式用于定义幻灯片中内容的显示位置，用户可根据需要向里面放置文本、图片以及表格等内容。通过选择版式新建幻灯片的方法是：启动 PowerPoint 2010，执行"开始"菜单|"幻灯片"|"新建幻灯片"按钮下的按钮，在弹出的下拉列表中选择新建幻灯片的版式，如图8-16 所示，新建一张带有版式的幻灯片。

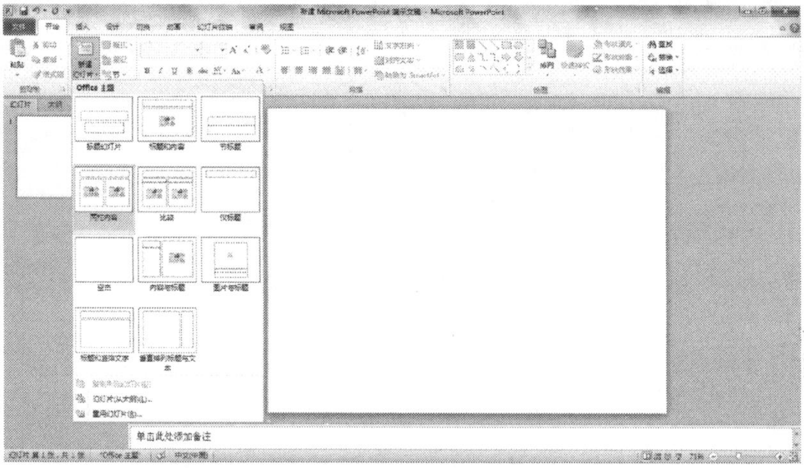

图 8-16　选择幻灯片版式

技巧点拨

快速新建幻灯片

在"幻灯片"窗格中，选择任意一张幻灯片的缩略图，按 Enter 键即可新建一张与所选幻灯片版式相同的幻灯片。

9. 选择幻灯片

在幻灯片中输入内容之前，首先要掌握选择幻灯片的方法。根据实际情况不同，选择幻灯片的方法也有所不同，主要有以下几种。

（1）选择单张幻灯片。

在"幻灯片/大纲"窗格或幻灯片浏览视图中，单击幻灯片缩略图，可选择单张幻灯片。

（2）选择多张连续的幻灯片。

在"幻灯片/大纲"窗格或幻灯片浏览视图中，选择要播放的第一张幻灯片，按住 Shift 键不放，再选择要播放的最后一张幻灯片，释放 Shift 键后两张幻灯片之间的所有幻灯片均被选中。

（3）选择多张不连续的幻灯片。

在"幻灯片/大纲"窗格或幻灯片浏览视图中，单击要选择的第 1 张幻灯片，按住 Ctrl 键不放，再依次单击需选择的幻灯片，可选择多张不连续的幻灯片。

（4）选择全部幻灯片。

在"幻灯片/大纲"窗格或幻灯片浏览视图中,按 Ctrl+A 组合键,可选择当前演示文稿中所有的幻灯片。

技巧点拨

取消选择幻灯片

若是选中的多张幻灯片中有不需要的,可在不取消其他幻灯片的情况下,取消选择不需要的幻灯片。其方法是:选择多张幻灯片后,按住 Ctrl 键不放,单击需要取消选择的幻灯片。

10. 移动和复制幻灯片

(1)通过鼠标拖动移动和复制幻灯片。

选择需移动的幻灯片,按住鼠标左键不放拖动到目标位置后释放鼠标完成移动操作。选择幻灯片后,按住 Ctrl 键的同时拖动到目标位置可实现幻灯片的复制。

(2)通过菜单命令移动和复制幻灯片。

选择需移动或复制的幻灯片,在其上单击鼠标右键,在弹出的快捷菜单中选择"剪切"或"复制"命令,然后将鼠标定位到目标位置,单击鼠标右键,在弹出的快捷菜单中选择"粘贴"命令,完成移动或复制幻灯片。

11. 删除幻灯片

技巧点拨

撤销和恢复操作

在操作幻灯片的过程中,如发现当前操作有误,可单击快速访问工具栏中的 按钮返回到上一步操作;单击 按钮可返回到单击 按钮前的操作状态。

在"幻灯片/大纲"窗格和幻灯片浏览视图中,可对演示文稿中多余的幻灯片进行删除。其方法是:选择需删除的幻灯片后,按 Delete 键,或者单击鼠标右键,在弹出的快捷菜单中选择"删除幻灯片"命令。

12. 添加对象

制作演示文稿,添加对象是最常见的操作。

(1)添加文本。

在幻灯片中添加文本的方法有两种:一种是在占位符中直接输入;另一种利用文本框添加。要在占位符中添加文本,可直接单击占位符中的示意文字,示意文字消失,再输入相应文字即可,单击占位符外的区域退出编辑状态。

插入文本框:执行"插入"选项标签|"文本"功能区|"文本框"选项|"水平(垂直)"命令,然后在幻灯片中拖拉出一个文本框来,将相应的字符输入到文本框中即可。

（2）插入图片。

执行"插入"选项标签|"文本"功能区|"图片"选项|"来自文件"命令，打开"插入图片"窗口，定位到需要插入图片所在的文件夹，选中相应的图片文件，然后按下"插入"按钮，将图片插入到幻灯片中，如图 8-17、图 8-18 所示。

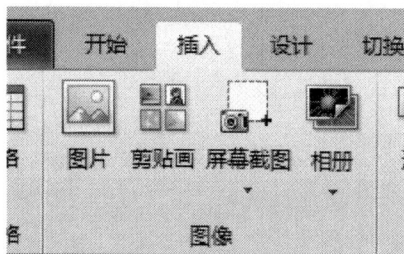

图 8-17　图像功能区

图 8-18　"插入图片"窗口

（3）插入声音。

执行"插入"选项标签|"媒体"功能区|"音频"选项|"文件中的音频"命令，"插入音频文件"命令，打开"插入音频"对话框，定位到需要插入声音文件所在的文件夹，选中相应的声音文件，然后按下"确定"按钮。

技巧点拨

　　插入声音文件后，幻灯片中会显示出一个小喇叭图片，在幻灯片放映时，通常会显示在画面上，为了不影响播放效果，通常将该图标移到幻灯片边缘处。

（4）插入视频。

执行"插入"选项标签|"媒体"功能区|"视频"选项|"文件中的视频"命令，打开"插入视

频"对话框,定位到需要插入视频文件所在的文件夹,选中相应的视频文件,然后按下"确定"按钮。

技巧点拨

演示文稿支持 avi、wmv、mpg 等格式视频文件。

(5)插入艺术字。

执行"插入"选项标签|"文本"功能区|"艺术字"命令,选中一种样式后,输入字符,调整好艺术字大小,并将其定位在合适位置上即可。

技巧点拨

选中插入的艺术字,在其周围出来黄色的控制柄,拖动控制柄,可以调整艺术字的外形。

(6)插入形状。

执行"插入"选项标签|"插图"功能区|"形状"命令,选中一种样式后,鼠标变成十字形状,在幻灯片上拖拉调整大小、位置即可。

(7)插入公式。

执行"插入"选项标签|"符号"功能区|"公式"命令,选择系统给定的公式。如果没有,选择"插入新公式",系统弹出"公式工具设计"功能区,如图 8-19 所示。

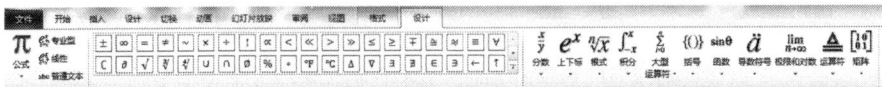

图 8-19 "公式工具设计"功能区

任务实施

步骤一 新建并保存演示文稿

(1)执行"开始"|"所有程序"|"Microsoft Office"|"Microsoft PowerPoint 2010"命令项,启动 PowerPoint 2010。启动 PowerPoint 2010 后,选择"文件"|"新建"命令,在"可用的模板和主题"栏中单击"空白演示文稿"图标,再单击"创建"按钮,即可创建一个空白演示文稿,如图 8-20 所示。

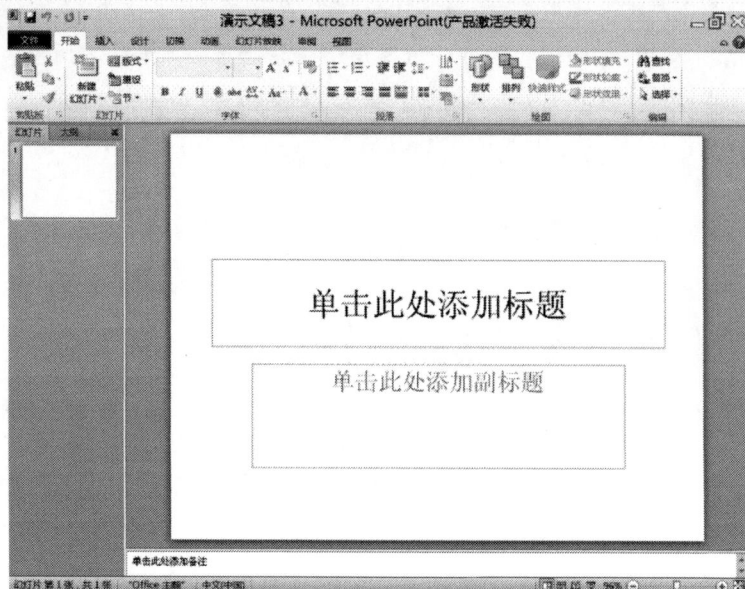

图 8-20 空白演示文稿

（2）保存演示文稿最常用的保存方法是：执行"文件"菜单|"保存"命令或单击快速访问工具栏中的"保存"按钮，打开"另存为"对话框，选择保存位置和输入文件名"镍都金昌欢迎您"，单击"保存"按钮，如图 8-21 所示。

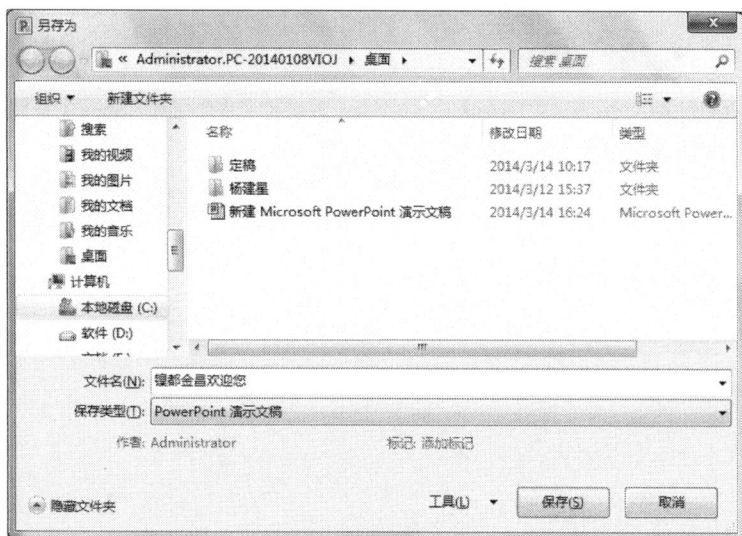

图 8-21 "另存为"对话框

步骤二 添加文本

在幻灯片中添加文本的方法有两种：一种是在占位符中直接输入；另一种是利用文本框

添加。要在占位符中添加文本,可直接单击占位符中的示意文字,示意文字消失,再输入"镍都金昌欢迎您"文字即可,单击占位符外的区域退出编辑状态,如图 8-22 所示。

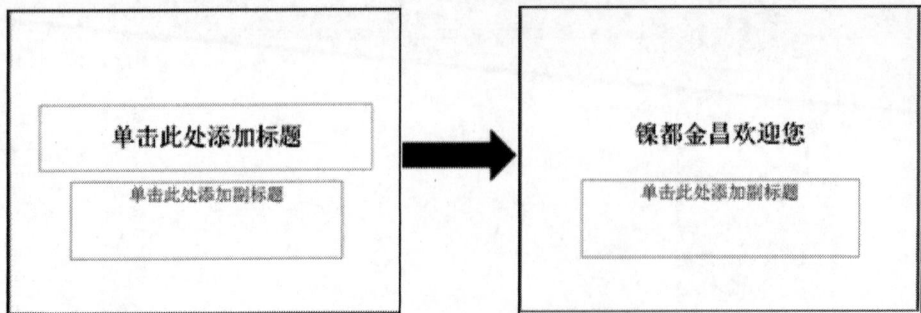

图 8-22　利用占位符添加文本

至此第 1 张幻灯片文字已添加,然后新建第二张幻灯片。操作是:"右击鼠标"|"新建幻灯片",如图 8-23 所示。

图 8-23　新建快捷菜单

在第 2 张幻灯片中将"金昌市概况"文字添加到幻灯片中,如图 8-24 所示。

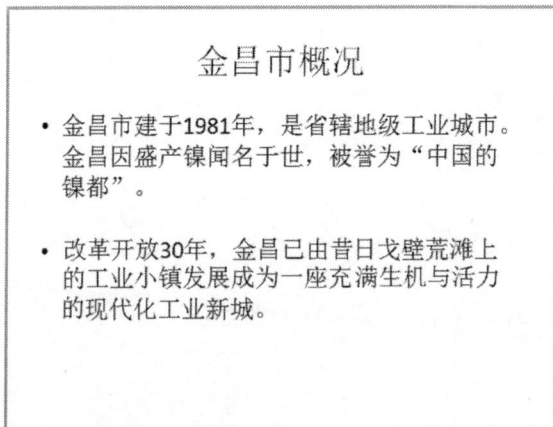

图 8-24　添加"金昌市概况"文字

用同样的方法新建第三张幻灯片并添加文本"矿产资源丰富",如图 8-25 所示。

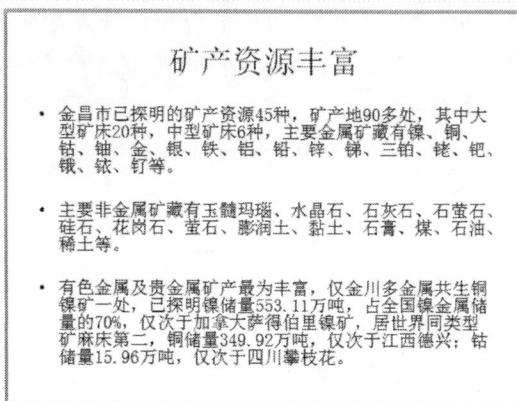

图 8-25　添加"矿产资源丰富"内容

步骤三　插入图片

新建第 4 张幻灯片，执行"插入"选项标签|"插图"功能区|"图片"|"来自文件"命令，打开"插入图片"对话框，定位到需要插入图片所在的文件夹，选中"金属矿产图"图片文件，然后按下"插入"按钮，将图片插入到幻灯片中，如图 8-26、图 8-27 所示。

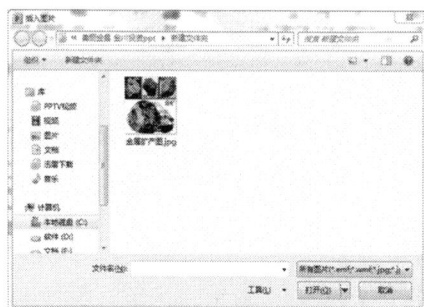

图 8-26　"插入图片"窗口

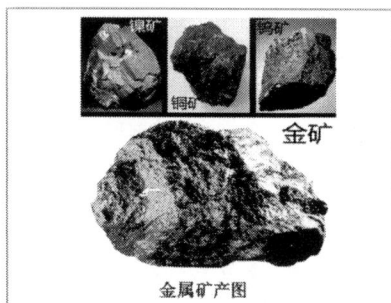

图 8-27　插入图片效果图

新建第 5 张幻灯片，添加文本、插入图片，如图 8-28 所示。

图 8-28　第 5 张幻灯片效果图

新建第 6～21 张幻灯片,添加文字和插入图片,方法同上。效果如图 8-29 所示。

图 8-29　第 6～21 张幻灯片效果图

步骤四　插入艺术字

新建第 22 张幻灯片,插入图片并插入艺术字"镍都金昌欢迎您"。执行"插入"选项标签|"文本功能区"|"艺术字"命令,选中一种样式后,输入"镍都金昌欢迎您"字符,调整好艺术字大小,并将其定位在合适位置上即可,效果如图 8-30 所示。

图 8-30　第 22 张幻灯片效果图

步骤五 插入"金昌是我家"歌曲

插入声音：执行"插入"选项标签｜"媒体功能区"｜"音频"｜"文件中的音频"命令，"插入音频文件"命令，打开"插入音频"对话框，选中"金昌是我家"歌曲文件，然后按下"确定"按钮，如图 8-31 所示，幻灯片上出现"小喇叭"图标。

图 8-31 "插入音频"窗口

技巧点拨

选中"小喇叭"图标，执行"动画"｜"动画"选项组的右下角箭头｜"播放视频"对话框，在"效果"选项标签｜"停止播放"选择在 21 张幻灯片后。歌曲在演示文稿放映的时候一直播放，直到放映结束。

实战演练

一、选择题

1. PowerPoint 2010 演示文档的默认扩展名是（　　）。

    A. pptx   B. pwtx   C. xsl   D. doc

2. 在幻灯片母版中插入版式，是表示（　　）。

    A. 插入单张幻灯片   B. 更改母版版式

    C. 插入幻灯片母版   D. 插入模板

3. 在 PowerPoint 中插入声音时，主要包括插入文件中的音频、录制音频与（　　）。

    A. 剪贴画中的音频   B. 动画中的声音

    C. 播放 CD 乐曲   D. 插入网站音乐

4. PowerPoint 2010 的演示文稿具有普通、幻灯片浏览、备注、幻灯片放映和（　　）等
五种视图。

A. 普通　　　　　　B. 阅读　　　　　　C. 页面　　　　　　D. 联机版式

5. 如要终止幻灯片的放映，可直接按（　　）键。

A. Ctrl＋C　　　　　B. Esc　　　　　　C. End　　　　　　D. Alt＋F5

6. 使用（　　）功能区中的"背景"组命令改变幻灯片的背景。

A. 开始　　　　　　B. 幻灯片放映　　　C. 设计　　　　　　D. 视图

7. 下列操作中，不是退出 PowerPoint 2010 的操作是（　　）。

A. 单击"文件"下拉菜单中的"关闭"命令

B. 单击"文件"下拉菜单中的"退出"命令

C. 按组合键 Alt＋F4

D. 双击 PowerPoint 2010 窗口的"控制菜单"键

二、填空题

1. 母版是模板的一部分，主要用来定义演示文稿中（　　　　　）。

2. PowerPoint 主要提供了（　　　　　）、（　　　　　）与（　　　　　）三种母版。

3. 设置配色方案，主要是在（　　　　　）中进行设置。

三、解答题

1. 如何使用 Office 在线模板制作一组新幻灯片？

2. 如何修改幻灯片设计母版中的内容？

3. 如何在幻灯片中插入一个 MP3 格式的声音文件，并在放映该幻灯片时能够自动播放该音乐？

四、操作题

制作一个新产品发布会的产品演示文稿。

任务二　美化"镍都金昌欢迎您"演示文稿

任务情景

小王感觉制作好的"镍都金昌欢迎您.pptx"演示文稿太过单一，没有达到自己预想的效果，如图 8-32 所示。为了达到更好的播放效果，小王对制作好的演示文稿进行了外观和动态效果的设置。

任务目标及效果

图 8-32　效果图

任务分析

　　本节内容是为幻灯片添加动画效果和切换效果。在上节中我们所插入的图文内容都是静态的,本节将通过添加动画方案和自定义动画让静态图文内容动起来,并且为每张幻灯片的过渡添加上切换效果,使幻灯片更完整。

　　1. 进行版面设计。

　　2. 设计演示文稿的动画效果。

　　3. 幻灯片内容超链接的设置。

　　4. 添加演示文稿的切换效果。

　　5. 放映演示文稿。

1. 版面设置和设计

版面设置和设计主要在"设计"选项标签中进行,该选项标签包含"页面设置""主题"和"背景"三个功能区,常用的是"主题"功能区。具体操作步骤为:执行"设计"|"主题功能区"其中一种主题效果即可,如图 8-33 所示。PowerPoint 2010 为用户提供了 24 种主题,为了满足工作需求,用户可以自定义主题。每种主题都可以对颜色、字体和效果三方面进行设置,如图 8-34 所示。

图 8-33 "设计"选项标签

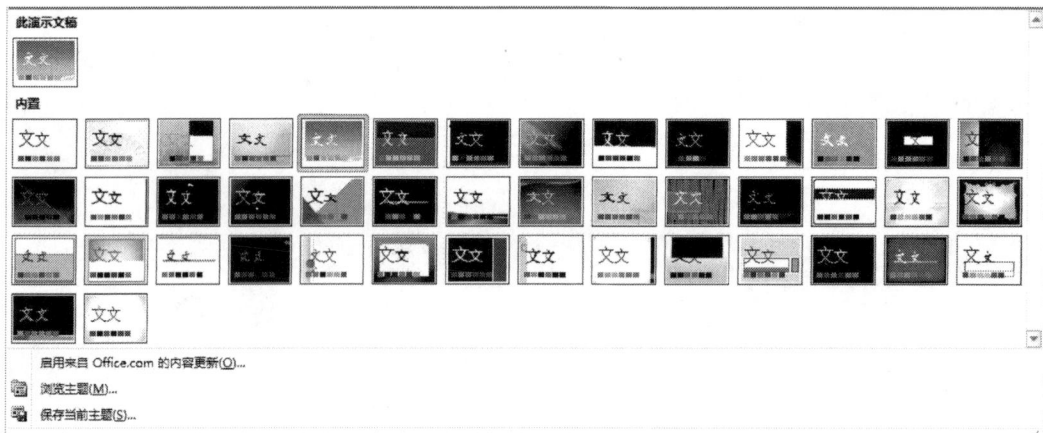

图 8-34 主题设计

对幻灯片"背景"进行设置,执行"设计"选项标签|"背景功能区",点击右下角箭头,弹出背景设置"设置背景格式"对话框,如图 8-35 所示。该对话框包含"填充""图片更正""图片颜色"和"艺术效果",可以根据需要分别进行设置。

2. 动画设计

PowerPoint 2010 为用户提供了进入、强调、退出和动作路径四大类几十种内置动画效果。动画设计主要在"动画"选项标签中进行,该选项标签包含"预览""动画""高级动画"和"计时"四个功能区,常用的是"动画"功能区,如图 8-36 所示。

图 8-35　"设置背景格式"对话框

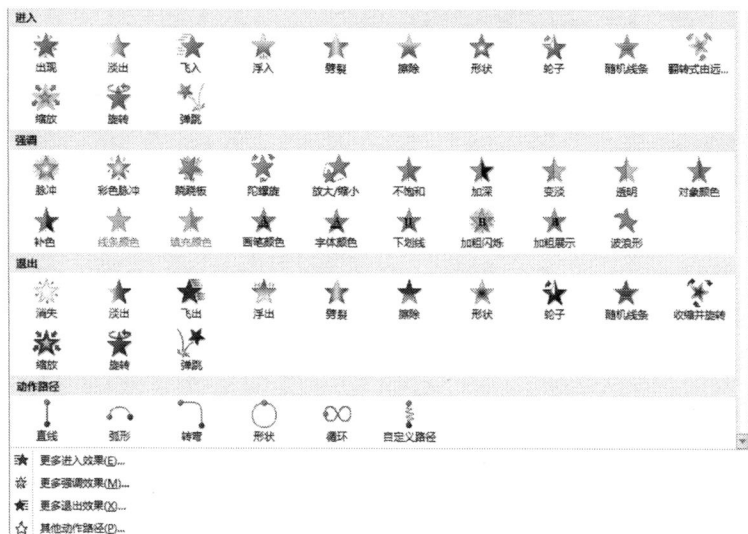

图 8-36　幻灯片动画样式

　　我们可以为文字、图片等对象设置动画效果。具体操作步骤为：选中所要设置的对象，执行"动画"选项标签|选择"动画功能区"其中一种动画效果即可。如果要进行更多的动画设置的话，可以点击右边"其他"按钮，选择相应动画效果即可，如图 8-37 所示。

图 8-37　选择动画效果

以上效果是系统内置的效果，如果用户想要进行个性化的动画设置的话，可以通过"效果选项"进行个性化设置。"效果选项"图标，在对象没有进行动画设置的时候，是灰色的不能用。只有对象进行动画设置后，"效果选项"图标才变为蓝色的，点击右下角箭头，弹出动画设置"效果选项"对话框，如图 8-38 所示，该对话框包含"效果"和"计时"两个选项标签，可以分别进行设置。

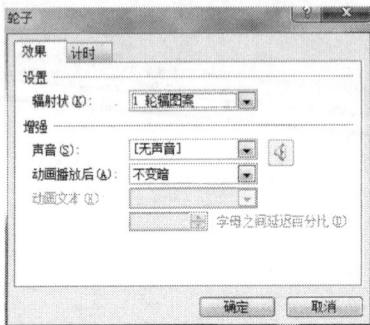

图 8-38　效果选项对话框

3. 链接幻灯片

(1)文本框链接。

在幻灯片中选择相应的文本，执行"插入"选项标签 | "链接"功能区 | "超链接"命令。在弹出"插入超链接"对话框中的"链接到"列表中，选择"本文档中的位置"选项卡，并在"请选择文档中的位置"列表框中选择相应的选择，如图 8-39 所示。

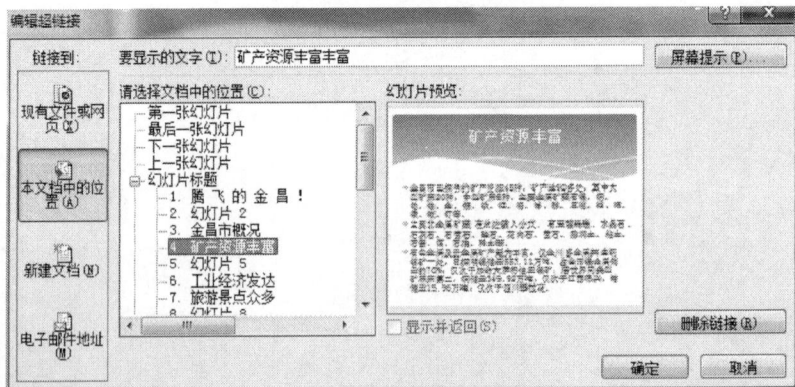

图 8-39　文本框链接幻灯片

技巧点拨

为文本创建超链接后,在文本下方将会添加一条下划线,并且该文本的颜色将使用系统默认的超链接颜色。

（2）动作按钮链接。

执行"插入"选项标签|"插图"功能区|"形状"命令,在其列表中选择"动作按钮"栏中相应的形状,在幻灯片中拖动鼠标会更改形状,如图 8-40 所示。

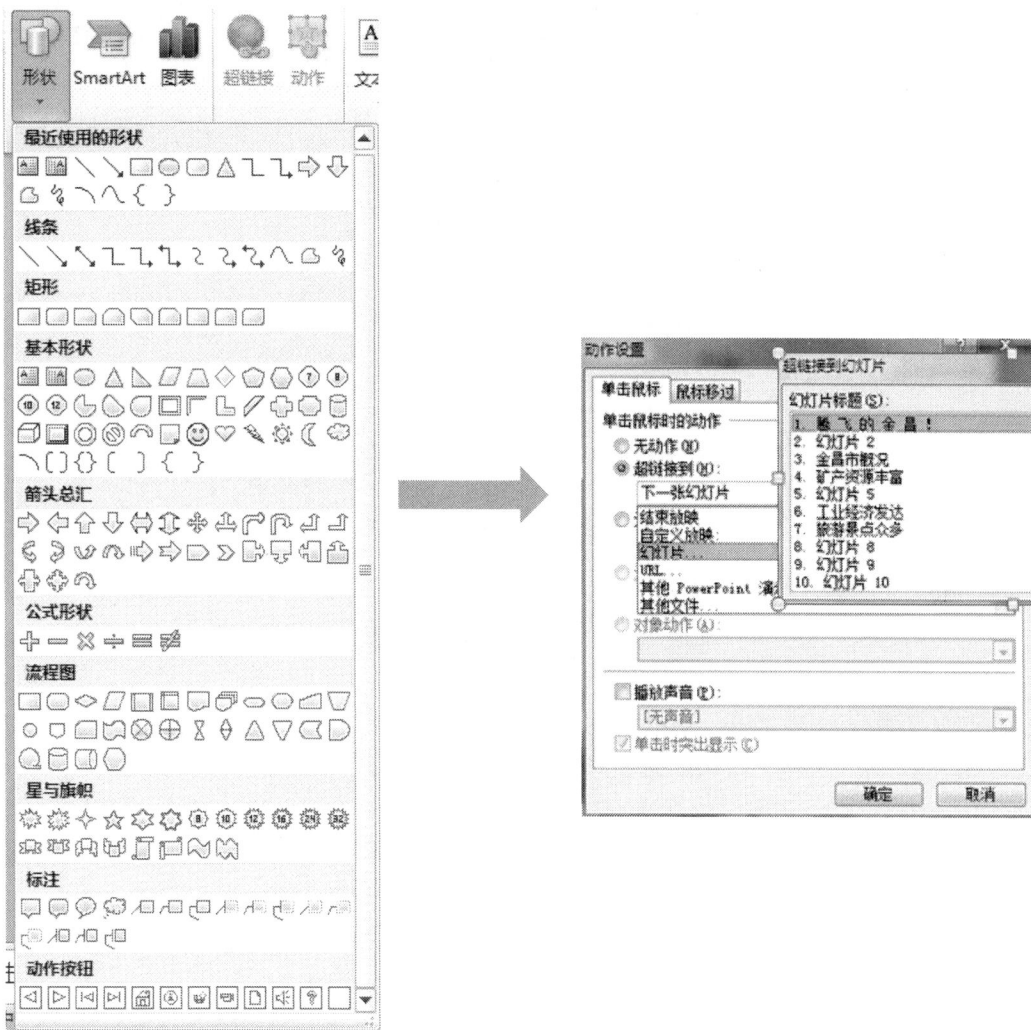

图 8-40　动作按钮链接

在幻灯片中,右击对象执行"超链接"命令,在弹出的对话框中设置超链接选项即可。

(3)动作设置链接。

选择幻灯片中的对象,执行"插入"选项标签|"链接"功能区|"动作"命令。在弹出的"动作设置"对话框中,选中"超链接到"单选按钮。然后,单击"超链接到"下的三角形按钮,在其下拉列表中选择相应的选项,如图 8-41 所示。

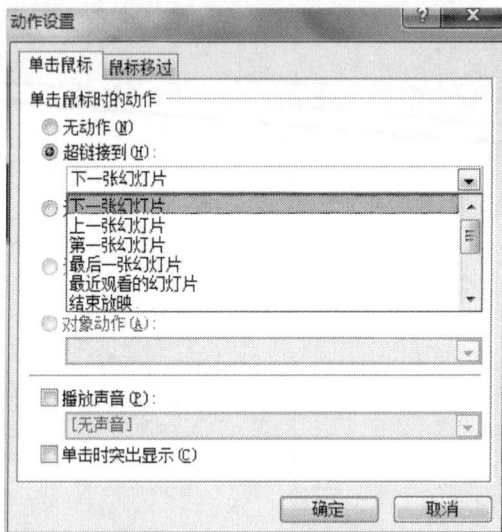

图 8-41　设置动作链接

4. 幻灯片切换

幻灯片切换主要在"切换"选项标签中进行,如图 8-42 所示,该选项标签包含"预览""切换到此幻灯片"和"计时"三个功能区,常用的是"切换到此幻灯片"功能区。PowerPoint 2010 为用户提供了"细微型""华丽型"和"动态内容"三大类,可切换几十种效果。具体操作步骤为:执行"切换"选项标签|选择"切换到此幻灯片"功能区其中一种切换效果即可。如果要进行更多的切换设置的话,可以点击右边"其他"按钮,选择相应切换效果即可。如图 8-43 所示。

图 8-42　"切换"选项标签

图 8-43　幻灯片切换样式

以上效果是系统内置的效果,如果用户想要进行个性化的切换设置的话,可以通过"效果选项"进行个性化设置。"效果选项"图标,在对象没有进行切换设置的时候,是灰色的不可用状态。只有对象进行切换设置后,"效果选项"图标才变为蓝色的,点击倒三角形箭头可以分别进行设置。

5. 演示文稿放映

演示文稿制作完成后,就可以观察一下演示文稿的播放效果。

(1)播放当前幻灯片。

单击视图工具栏中的"切换幻灯片放映"按钮,屏幕上就开始满屏显示某一张幻灯片,这张幻灯片是当前正在编辑的幻灯片。

(2)结束放映。

在播放演示文稿过程中执行右键快捷菜单中的"结束放映"命令即可终止幻灯片的播放。

(3)放映控制。

执行"幻灯片放映"选项标签|"开始放映幻灯片"功能区|"从头开始"或"从当前幻灯片开始"命令,同样可以播放演示文稿,每单击一下鼠标则显示下一张幻灯片,直到所有幻灯片播放完毕。

(4)排练计时。

执行"幻灯片放映"选项标签|"设置"功能区|"排练计时"命令,每次单击切换幻灯片后,都会记录上一张幻灯片播放的时间,等所有幻灯片播放完毕并应用所记录的时间后再一次播放的时候,会按刚才所记录的时间自动切换幻灯片。

任务实施

步骤一　进行版面设计

在上一任务中制作好的"镍都金昌欢迎您"演示文稿中第二张幻灯片只有文字,首先要

对该幻灯片进行设计,才能更美观。执行"设计"选项标签|"主题功能区"|"波形"主题,如图8-44 所示。

图 8-44　版面设计前后效果对比

步骤二　进行动画设计

(1)对"镍都金昌欢迎您"演示文稿中第一张幻灯片"镍都金昌欢迎您"七个字进行"进入"动画设置设计。选中"镍都金昌欢迎您"所在的文本框,执行"动画"选项标签|"动画"功能区|"形状"动画。

(2)对象进行"形状"动画设置后,"效果选项"图标变为蓝色的,点击右下角箭头,弹出动画设置"圆形扩展"效果选项对话框,该对话框包含"效果""计时"和"正文文本动画"三个选项标签,可以分别进行设置。在"效果"选项标签中,设置"声音"为"爆炸",动画播放后变为"紫色",动画文本为"按字/词",如图8-45 所示。

图 8-45　"图形扩展"对话框

步骤三　超链接设置

新建一张幻灯片,输入如图 8-46 所示的内容。

执行"插入"选项标签|"链接"功能区|"超链接"命令。在弹出"插入超链接"对话框中的"链接到"列表中,选择"本文档中的位置"选项卡,并在"请选择文档中的位置"列表框中选择相应的位置。

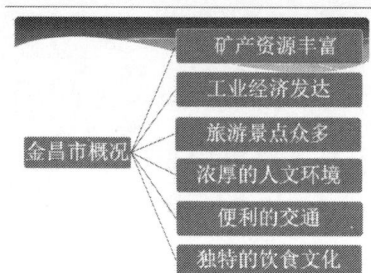

图 8-46　演示文稿大纲

步骤四　应用图片样式

为了使幻灯片中的图片更加美观，PowerPoint 2010 中提供了多种图片样式，以供我们选择。

步骤如下：选中需要添加样式的图片，执行"格式"选项标签|"图片样式"功能区|"图片样式"命令，如图 8-47 所示。

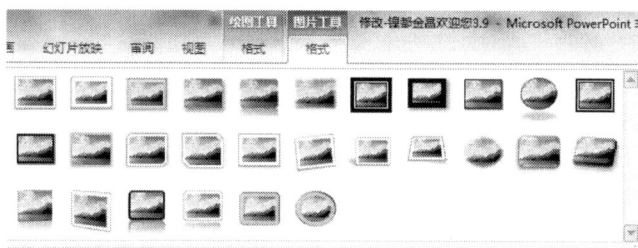

图 8-47　图片样式

步骤五　切换幻灯片

对"镍都金昌欢迎您"演示文稿中所有幻灯片进行切换设置，选中幻灯片，执行"切换"选项标签|"切换到此幻灯片"功能区|"棋盘"切换效果即可。

步骤六　放映演示文稿

执行"幻灯片放映"选项标签|"开始放映幻灯片"功能区|"从头开始"命令，如图 8-48 所示。

图 8-48　"幻灯片放映"功能区

实战演练

一、选择题

1. 用户可以使用（　　）组合键，将放映方式设置为从当前幻灯片开始放映。
   A. Shift＋F1　　　　　　　　　　　B. Shift＋F5
   C. Ctrl＋F5　　　　　　　　　　　D. Shift＋Ctrl＋F5

2. 在为幻灯片设置动作时，下列说法错误的是（　　）。
   A. 可以添加"对象动作"　　　　　　B. 可以添加"声音动作"
   C. 可以添加"运行宏"　　　　　　　D. 可以添加"运行程序"动作

3. 在（　　）对话框中，可以设置超链接。
   A. "插入超链接"　　　　　　　　　B. "编辑超链接"
   C. "新建主题颜色"　　　　　　　　D. "动作设置"

4. PowerPoint 在放映演示文稿时，为用户提供了从头开始、（　　）和自定义放映三种放映方式。
   A. 从第一张幻灯片开始放映　　　　B. 从当前幻灯片开始
   C. 固定放映　　　　　　　　　　　D. 自动放映

5. 在排练计时过程中，可以按（　　）键退出幻灯片放映视图。
   A. F5　　　　　B. Shift＋F5　　　　　C. Esc　　　　　D. Alt

二、填空题

1. 在放映幻灯片时，选择幻灯片后按（　　　　）键，可以从头开始放映幻灯片。

2. 为幻灯片插入超链接的快捷键是（　　　　）。

3. 在自定义动画时，可以为幻灯片添加进入、退出、（　　　　）与（　　　　）动画效果。

三、简答题

1. 演示文稿和幻灯片是怎样的关系？

2. 创建演示文稿的方法有几种？选择其中一种进行叙述。

3. 如何向幻灯片中插入声音？

四、操作题

1. 绘制学校部门结构图。

2. 运用"内容提示与向导"的"市场计划"里的内容建立一个演示文稿，至少由五张幻灯片组成，设计每张幻灯片中的动画效果和换页的动画，若每张幻灯片的放映时间为两秒，以展台放映方式循环放映。

项目 9　Internet 基本应用

任务一　Internet 基本应用——信息资源检索与利用

随着信息技术的发展和完善,网络时代已经来临,Internet 信息资源也迅速增长,如何在浩瀚的信息海洋中准确、方便、快速、有效地找到自己所需的信息,成了迫切需要解决的问题。

任务情景

　　小王的师弟今年毕业要做毕业设计,因为没有思路所以向已经毕业的小王求助,希望师兄能够指点迷津。小王告诉师弟可以利用网络开拓思路,找到做毕业设计的灵感。小王在网上查找并下载了很多关于专业方面的选题,并且利用 E-mail 将资料发送给师弟。

任务目标及效果

利用网络搜索、下载资料,发送邮件。

任务分析

1. 利用"百度"搜索引擎搜索资料。
2. 下载资料。
3. 利用 E-mail 发送资料。

知识链接

1. 因特网相关概念

(1)万维网。

万维网(亦作网络、WWW、3W,英文"Web"或"World Wide Web"),含义是"全球网"。WWW 是以超文本标记语言(HTML)和超文本传输协议(HTTP)为基础,能够提供面向 Internet 服务的一致的用户界面的信息浏览系统。

(2)超文本和超链接。

超文本(Hypertext)是指 WWW 的网页中不仅包含有文本,还包含有声音、图像和视频等多媒体信息,同时,还包含作为超链接的文字、图像和图标等。这些超链接通过颜色和字体的改变与普通文本区别开来,它含有指向其他 Internet 信息的 URL 地址。将鼠标移到超链接上,光标变成一个手的形状,单击该链接,Web 就根据超链接所指向的 URL 地址跳到不同的站点或文件。

(3)统一资源定位器(URL)。

URL,是英语 Uniform Resource Locator 的缩写,也被称为网页地址,是因特网上标准的资源的地址,是用于完整地描述 Internet 上网页和其他资源的地址的一种标识方法。简单地说,URL 就是 Web 地址,俗称"网址"。

2. 浏览器使用和设置

Microsoft Internet Explorer(简称 IE)浏览器是微软公司开发的基于超文本技术的 Web 浏览器,也是我们访问 Internet 必不可少的一种工具。Internet Explorer 8.0 是 Windows 7 操作系统中集成的一款浏览器,它功能强大,操作简单,是目前使用最多的 Web 浏览器之一。其主要功能是对接收到的网页信息进行解释并将其显示给用户。

(1)IE 浏览器的窗口。

Windows 桌面上和任务栏的"快速启动"工具栏中都有一个用于启动 IE 浏览器的快捷方式图标,只要双击该图标即可启动 IE 浏览器。启动 IE 浏览器后在屏幕上就会出现其初始界面,如图 9-1 所示。

IE 浏览器窗口组成有如下内容。

①标题栏。显示当前页面的标题和浏览器的名称,在其右侧包含最小化、最大化、关闭按钮。

②菜单栏。浏览器的所有功能均可以通过菜单栏来完成。菜单栏中包含"文件""编辑""查看""收藏夹""工具"五个菜单命令。

③地址栏。工具栏下方即为地址栏,它是整个浏览器中最重要的部分。用户在地址栏中输入或选择一个 Internet 地址后,按回车键或单击"转到"按钮,浏览器就会按照地址栏的地址,转到相应的网站和页面。

④滚动条。当网页内容无法在浏览区完全显示时,可以通过拖动水平滚动条或垂直滚动条浏览窗口中的全部内容。

⑤状态栏。状态栏显示当前页面的信息。当鼠标指针指向一个超链接时,将在状态栏最左侧面板中显示该链接的 URL 地址。

图 9-1 IE 浏览器窗口

(2)网页保存及页面信息的保存。

①保存浏览页中的部分文本。要保存浏览页中的部分文本内容需借助 Windows 剪贴板。方法是先在当前页中选择要保存的文本,然后执行"编辑"菜单的"复制"命令或使用右键的复制功能,接着启动本机的文字处理程序,将复制的内容粘贴到该程序文件中并保存。

②保存网页中图片。右键单击网页上要保存的图形,在弹出的快捷菜单中执行"图片另存为"命令,在打开的对话框中选择保存位置,输入文件名,然后单击"保存"按钮。

③保存完整网页。保存整个网页,可执行浏览器菜单栏的"文件"菜单|"另存为"命令,如图 9-2 所示。

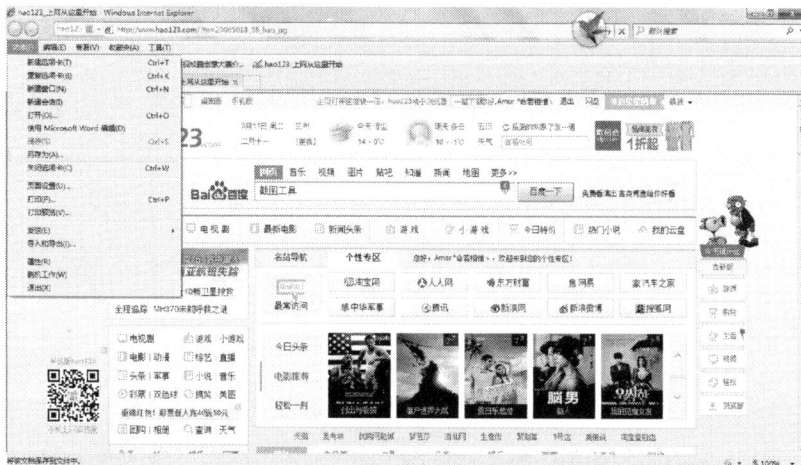

图 9-2 "另存为"网页

此时弹出网页"保存网页"对话框,如图 9-3 所示。

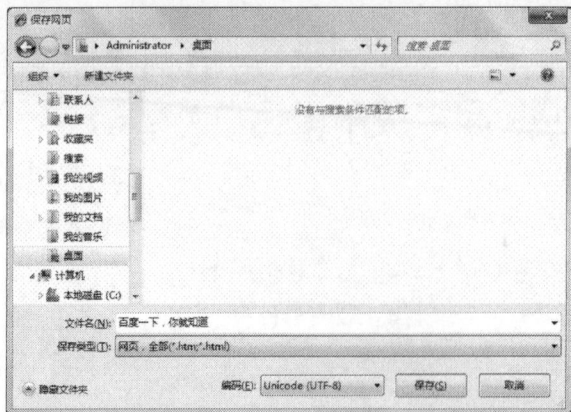

图 9-3　保存网页

选择"保存在"右侧的下拉列表框中的某一文件夹,可更改文件名,也可在上图标注位置更改保存类型。

(3)收藏夹的使用。

我们可以通过收藏夹把喜欢的网站地址保存下来。对于收藏夹的操作,可以使用工具栏按钮,也可使用菜单栏的"收藏"命令,如图 9-4 所示。

(4)Internet 选项设置。

执行"工具"菜单"Internet 选项"命令,可以打开"Internet"对话框,如图 9-5 所示。

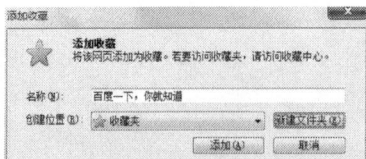

图 9-4　"添加到收藏夹"对话框

图 9-5　"Internet 选项"对话框

在"Internet 选项"对话框中包含七个选项设置卡,下面就常用的设置进行说明。

①设置主页。在"常规"选项标签的"主页"选项组中,可以设置 IE 的主页。在"地址"文本框中输入网址,单击"确定"按钮,则在以后每次启动 IE 时,系统会自动链接到此网页上。也可使用"使用当前页"按钮,将正在浏览的网页设置为主页。

②设置"历史记录"。在"网页保存的历史记录的天数"后的数值框中可以调整历史记录保存的天数,默认是 20 天,如果要删除历史记录,可以单击"清除历史记录"按钮。

③"安全"属性设置。在 Internet Explorer 中,安全属性的设置就是指对安全区域的设置。Internet Explorer 将 Internet 划分为四个区域,分别是 Internet、本地 Internet、可信站点和受限站点。每个区域都有自己的安全级别,这样用户可以根据不同的区域的安全级别来确定区域中的活动内容。如图 9-6 所示。

单击对话框中的"自定义级别"按钮,会弹出"安全设置"对话框,如图 9-7 所示。从"重置为"下拉列表框中为所选区域选择安全级别,然后单击"重置"按钮即可设置所选区域的安全级别。

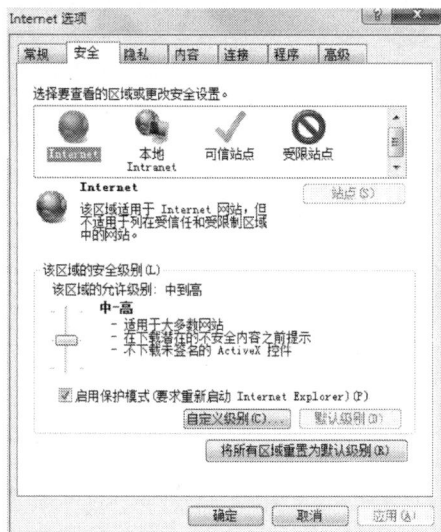

图 9-6　Internet 选项"安全"属性设置　　　　图 9-7　"自定义级别"安全设置

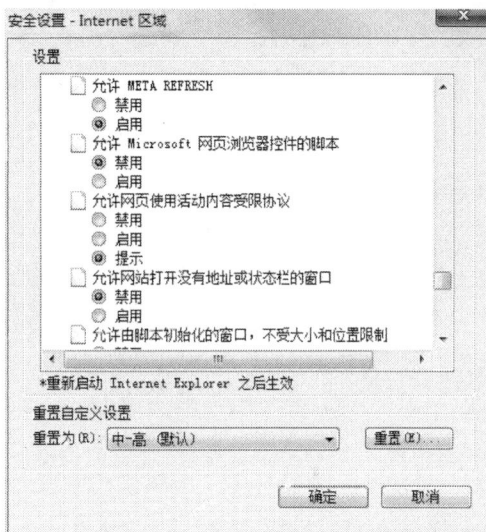

3. Internet 信息资源检索与利用

搜索引擎是人们使用 Internet 信息资源的重要工具,是一个用来查询搜索世界各地 Internet 资源的 Web 服务器。它就像一本书的目录,Internet 上各个站点的网址就是这本书的页码。你可以通过关键字或主题分类的方法查找感兴趣的信息所在的 Web 页面。

搜索引擎的使用:只要在搜索框中输入关键词,并按一下按钮,搜索引擎就会自动找出相关的网站和资料,并把最相关的网站或资源排在前列。

技巧点拨

输入关键词后,直接按键盘上的回车键,搜索引擎会自动找出相关的网站或资料。

　　我们可以命令搜索引擎寻找任何内容,所以关键词的内容可以是:人名、网站、新闻、小说、软件、游戏、工作、购物、论文等。关键词可以是任何中文、英文、数字,或中文英文数字的组合。例如,可以搜索"青春期撞上更年期""Windows""索契冬奥会"。关键词可以输入一个,也可以输入几个,甚至可以输入一句话。

技巧点拨

多个关键词之间必须留空格。

　　4. 电子邮件

　　电子邮件又称"E-mail",俗称"伊妹儿"。它是 Internet 上最流行的一种通信方式之一,也是 Internet 提供的一项基本服务。

　　(1)电子邮箱地址。

　　电子邮箱的地址格式:用户名@用户邮箱所在主机域名。"用户名"是用户所在邮件服务商的唯一标识,可以是邮件服务商允许规则下的任意字符,但必须是未经注册过的。字符"@"读作"at"。例如:gsysyj@163.com 就是一个电子邮箱地址,它表示在"163.com"邮件主机上有一个名为 gsysyj 的电子邮件用户。

　　(2)电子邮件格式。

　　电子邮件有两个基本部分:信头和信体。信头相当于信封,信体相当于信件内容。

　　①信头。信头中通常包括如下几项。

　　收件人:收件人的 E-mail 地址。多个收件人的地址之间用英文分号(;)隔开。

　　抄送:表示同时可以接收到此信的其他人的 E-mail 地址,若抄送的有多个收件人,他们的 E-mail 地址之间也用英文分号(;)隔开。

　　②主题。主题类似于章节标题,它概括描述新建内容的主题,可以是一个词或一句话。

　　③信体。信体就是希望收件人看到的正文内容,还可以包含附件发送,比如照片、文档、声音文件等。

　　(3)申请免费的电子邮箱。

　　首先,需要登录一个提供免费电子邮箱注册的网站首页,这样的网站有很多,比较知名的有网易 163(www.163.com)、新浪(www.sina.com.cn)、搜狐(www.sohu.com)、Hotmail(www.hotmail.com)等,这里我们选择网易的 163 免费邮箱网页。

　　①打开 IE 浏览器,在地址栏输入网页 163 的地址 www.163.com,然后点击页面顶端的"免费邮箱"链接,打开如图 9-8 所示页面。

图9-8 163网易免费邮箱首页

②单击"注册"按钮,弹出如图9-9所示的邮箱账号注册页面。在相应提示后面的方框内填写基本的注册信息,需要注意的是:带 * 号的选项必须填写;填写的信息可以是规则允许的任意内容。

图9-9 邮箱注册页面

填写完毕后,可以单击页面下方的"注册账号"按钮。此时就会显示163免费邮箱申请成功字样。单击"进入免费邮箱"按钮即可进入属于自己的邮箱了。

任务实施

步骤一 利用百度搜索"无线网络传感器网络"相关网页

操作要点:

打开 Internet Explorer 浏览器,在"地址"栏中输入"http://www.baidu.com",按回车键或单击地址栏右端的"转到"按钮,打开如图9-10所示的网页窗口。

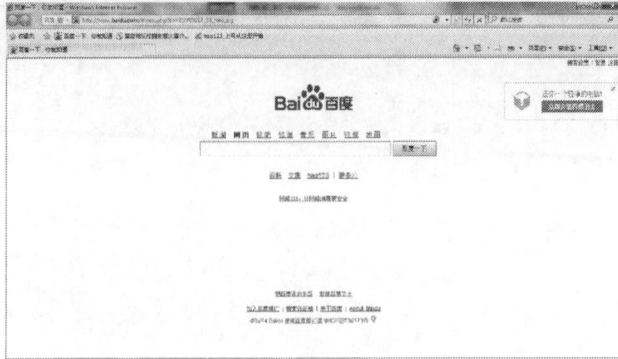

图 9-10　百度搜索引擎主页

　　在搜索框中输入"无线传感器网络"关键词,单击"百度一下"按钮,百度就会自动显示出相关的网站和资料,如图 9-11 所示。

图 9-11　百度搜索结果

步骤二　保存网页

(1)打开搜索结果"无线传感器网络"百度百科网页,如图 9-12 所示。

图 9-12　"无线传感器网络"百度百科网页

(2)单击"文件"|"另存为"命令,弹出如图 9-13 所示的"保存网页"对话框。

图 9-13 "保存网页"对话框

(3)选择"保存为"的路径为 D 盘"毕业设计"文件夹,选择保存类型为"文本文件",在"文件名"文本框中输入"无线传感网络"字样。

(4)单击"保存"按钮即可。

步骤三 利用 E-mail 发送电子邮件

(1)进入自己的邮箱。

打开网易邮箱登录首页,如图 9-14 所示,并登录。

图 9-14 打开网易邮箱登录首页

(2)写信。

登录邮箱后,单击"写信"按钮,显示如图 9-15 所示的页面,输入多个收件人的地址,每个地址用英文分号(;)隔开。在写信页面中,输入邮件的主题和正文,如图 9-16 所示。

图 9-15 电子邮箱的写信页面

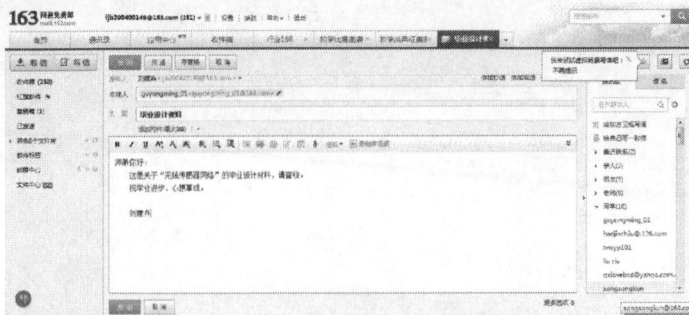

图 9-16　书信的主题和正文

（3）上传附件。

单击"上传附件"按钮，打开"选择文件"对话框，如图 9-17 所示。选中要上传的文件后，单击"打开"按钮。

图 9-17　打开"选择文件"对话框

（4）发出信件。

单击"发送按钮"，这时包含有附件的信件同时发往多个收件人的信箱。到此，操作过程全部结束。

实战演练

一、简答题

1. 举例说明 Internet 的应用。

2. 在 Internet 上的用户如何查找自己所需要的信息？

二、操作题

1. 访问 Sina 网站的新闻页面，将其设置为 IE 的主页并收藏。

2. 使用搜索引擎搜索"索尼冬奥会"的图片，下载几张图片并保存。

任务二 局域网的基本应用——资源共享

任务情景

张杰是某公司行政人员,今天刚给公司购买了一台打印机,并顺利地连接在自己的计算机上,现需要将公司其他几台计算机也连接到这台打印机上。

任务目标及效果

设置文件和打印机共享,如图 9-18 所示。

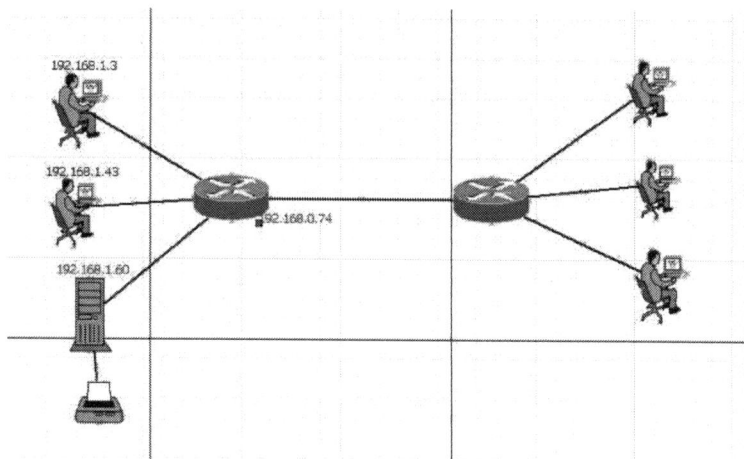

图 9-18 打印机共享

任务分析

1. 查看本机 IP 地址。

2. 设置本地计算机可共享的文件夹。在本机(E:)盘上建立一个文件夹 "sharefiles",选择几个文件和文件夹复制到其中,将这个文件夹设置为共享,并且共享的权限为只能读不能写。

3. 共享局域网中的打印机。

4. 查看工作组计算机。

知识链接

打印机安装完成后,还需要进行简单的设置,具体操作步骤如下。

(1)在 Windows 任务栏中单击"开始"按钮,在弹出的菜单中选择"设置"|"打印机和传真"命令。

(2)打开"打印机和传真"对话框。

(3)右击窗口中的打印机图标,在弹出的快捷菜单中选择"设为默认打印机"命令,即可在该图标的前面显示一个☑图标,即表示将该打印机设置为默认打印机。

任务实施

步骤一 查看本机 IP 地址

在桌面上,右击"网络",选择"属性"命令,打开"网络和共享中心"窗口,点击"本地连接",在"本地连接 属性"对话框中选择"属性"命令,打开如图 9-19 所示的属性对话框,选择"Internet 协议版本 4(TCP/IPv4)",点击"属性"按钮,打开"Internet 协议版本 4(TCP/IPv4)属性"对话框,即可查看本机 IP 地址,如图 9-20 所示。

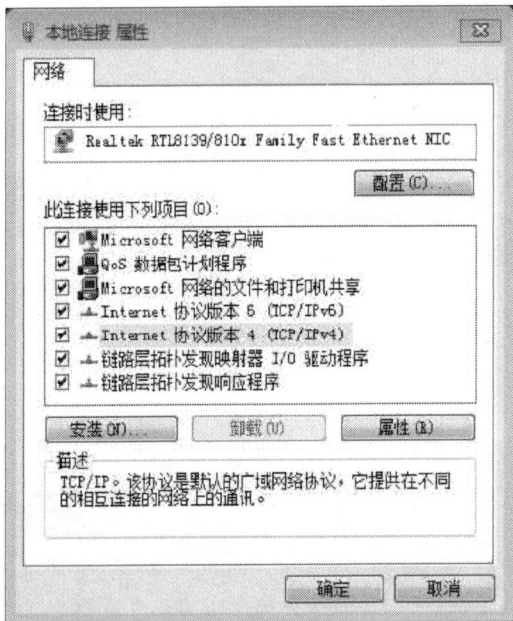

图 9-19 "本地连接 属性"对话框

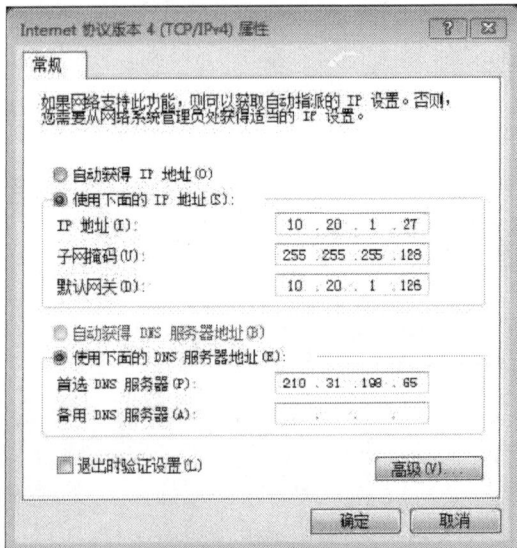

图 9-20 IP 地址对话框

步骤二 设置本地计算机可共享的文件夹

（1）使用共享服务的计算机必须在同一个工作组或家庭组中。

打开"开始"菜单中的计算机，右击"属性"选项，在"计算机名称、域和工作组设置"中选择"更改设置"，在"系统属性"对话框中选择更改，接下来找到工作组一项，把需要共享的计算机都改成同样的工作组即可，默认为 WORKGROUP，如图 9-21 所示。

图 9-21 设置计算机工作组

（2）启动文件或打印机共享。

单击桌面上控制面板—网络和 Internet—网络和共享中心，选择导航栏中的"更改高级共享设置"，把"启动网络发现""启动文件和打印机共享""关闭密码保护共享"这三项选中并保存，如图 9-22 所示。

图 9-22 启动文件或打印机共享

（3）开启来宾用户。

右键单击"开始"菜单中的计算机，选择管理，在"本地用户和组"里，双击 Guest，在来宾

计算机应用基础

用户属性中把"账户已禁用"一项去掉并保存,如图 9-23 所示。

图 9-23　启用 Guest 账户

(4)设置要共享的文件夹并设置权限。

右键选择 sharefiles 文件夹,进入属性一项,选择"共享"选项卡中的"高级共享",打开"高级共享"对话框,选中"共享此文件夹",如图 9-24 所示。点击"权限"按钮,设置权限为"读取"。点击"确定"完成设置。如图 9-25 所示。

图 9-24　设置 sharefiles 文件夹共享

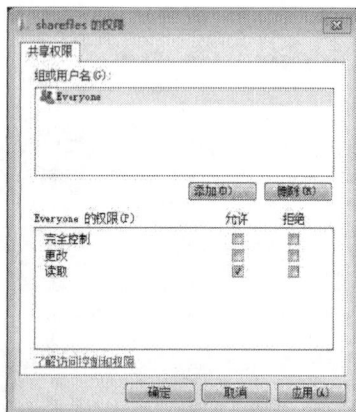

图 9-25　设置共享权限

步骤三　共享局域网中的打印机

双击桌面上的"网络"图标,在"网络"窗口的工具栏中点击"添加打印机",打开如图 9-26 所示的对话框,选择"添加网络、无线或 Bluetooth 打印机"选项,打开"添加打印机"对话框,搜索网络中可用的打印机,点击"下一步"完成共享打印机的设置。

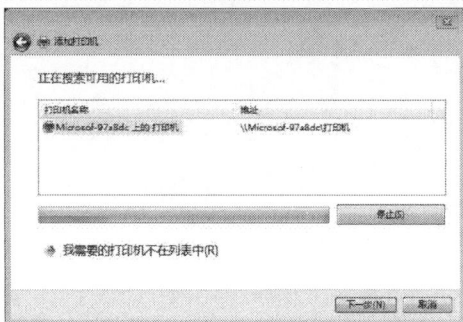

图 9-26　搜索局域网中打印机

步骤四　查看工作组计算机

双击在桌面上的"网络"图标,在"网络"窗口中即可显示该工作组的计算机,如图 9-27 所示,双击需要访问的那一台,则该计算机上所有设置了共享的资源将全部显示出来,可把这些资源下载到本地计算机。

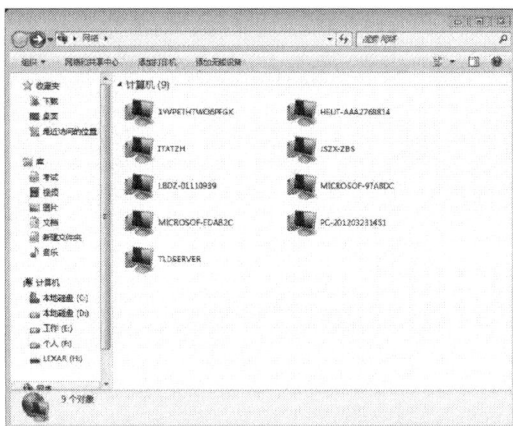

图 9-27　查看网络中的计算机

实战演练

一、简答题

1. 如何获得打印机驱动的方法?
2. 如何查看一台计算机的 IP?

二、操作题

1. 如何在局域网中共享一个文件夹?
2. 设置打印机共享。

参考文献

[1]张金秋.大学计算机基础教程[M].上海:上海大学出版社,2012.

[2]企鹅工作室.Excel 2010 表格处理及应用技巧总动员[M].北京:清华大学出版社,2011.

[3]赵伟.步步深入 PowerPoint 2010 完全学习手册[M].北京:电子工业出版社,2013.

[4]贾莉.PowerPoint 2010 精美幻灯片制作[M].北京:电子工业出版社,2013.

[5]老虎工作室.从零开始学 Windows 7[M].北京:人民邮电出版社,2013.

[6]刘德山.大学计算机基础[M].北京:科学出版社,2013.

[7]范泽剑.Office 2010 全解析[M].北京:机械工业出版社,2010.

[8]郑阿奇.多媒体实用教程[M].北京:电子工业出版社,2009.